让优雅
成为一种习惯

吴淡如

著

中国友谊出版公司

图书在版编目（CIP）数据

让优雅成为一种习惯 / 吴淡如著. — 北京：中国友谊出版公司，2018.9

ISBN 978-7-5057-4493-6

Ⅰ. ①让… Ⅱ. ①吴… Ⅲ. ①女性—修养—通俗读物 Ⅳ. ①B825.5-49

中国版本图书馆CIP数据核字（2018）第205478号

书名 **让优雅成为一种习惯**
著者 吴淡如
出版 中国友谊出版公司
发行 中国友谊出版公司
经销 新华书店
印刷 河北鹏润印刷有限公司
规格 880×1230毫米 32开
6印张 6彩插 120千字
版次 2018年9月第1版
印次 2018年9月第1次印刷
书号 ISBN 978-7-5057-4493-6
定价 42.00元
地址 北京市朝阳区西坝河南里17号楼
邮编 100028
电话 （010）64668676

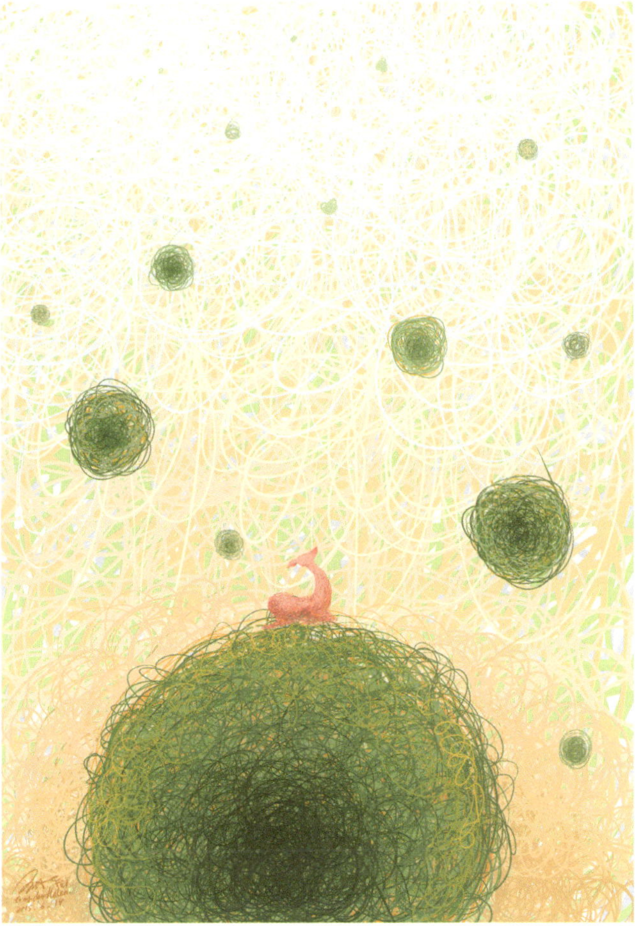

只要是人，就一定会生气。

但是愤怒会蒙蔽理智，发泄愤怒的代价，

往往超出你的想象，可以让生命中的百宝箱，

因为不值得的人或东西，毁于一旦。

一问自己："气什么？"

二问自己："值得吗？"

三问自己："有没有更好的方法？"

执行完，你应该已经度过"一时之怒"的最致命时刻，

接着，去执行那些比较好的方式吧！

Fei
2013.08
To my dear Helen.

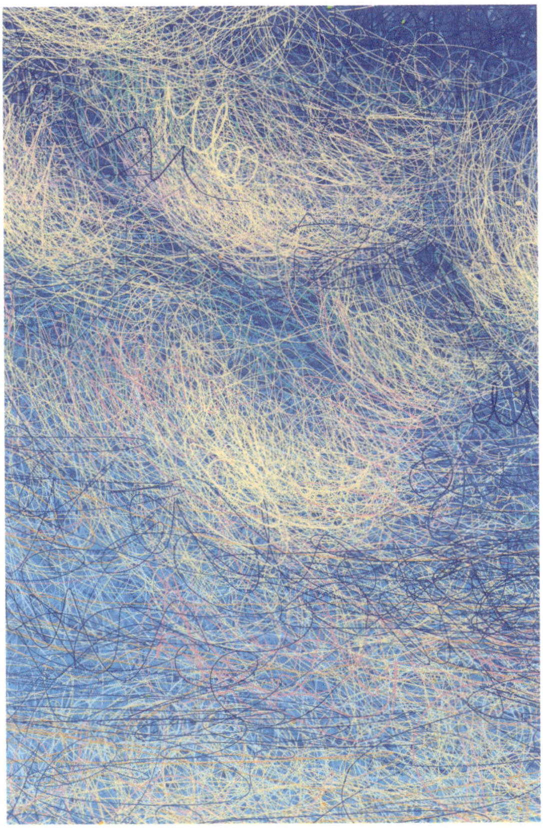

找到不会和别人发生冲突，

以及不会累积愤怒的方法，

为自己创造一个心情舒坦的生活环境。

目录

第一章

看别人不顺眼，是自己修养不够　/001

只要是人，就一定会生气。
但是愤怒会蒙蔽理智，发泄愤怒的代价，
往往超出你的想象，可以让生命中的百宝箱，
因为不值得的人或东西，毁于一旦。

第二章

生气也要美美的 /061

一问自己："气什么？"

二问自己："值得吗？"

三问自己："有没有更好的方法？"

执行完，你应该已经度过"一时之怒"的最致命时刻。

接着，去执行那些比较好的方式吧！

第三章

找到不会和别人发生冲突，
以及不会累积愤怒的方法，
为自己创造一个心情舒坦的生活环境。

自序

每一种怒气都有相同的本质

对目前的我来说，出游这件事，并不只是旅行而已。

这些年来，独自外出时我通常会做一件事。

讲严肃一点，就是自我反省。

像我这么一个对待自己算蛮宽松和体谅、律己不太严的人，自我反省绝对不到自我批判的地步，只是因为换了地方，有了较多空闲的时间，可以回过头去，客观地看发生的某些事情。有时，因为你已经脱离了原来的轨道，可以更心平气和地回顾发生过的一切，从负面的事情中汲取正面的价值。有些事想通了它就没事了。

所以，即使是短短几天的旅行，虽然身体非常疲惫，但精神常变得很饱满。

一个人，没有杂务缠身，脑袋就会比较清明，对自己情绪的变化也比较敏感。

这一天，我一个人从大阪关西机场回来。

我本来心情很好。

关西机场四楼是出入境大厅，三楼是一个巨大的购物商场，里头有各种日式土产店，也有无印良品和UNIQLO等。我没时间购物时，常在这里把东西一次买足。

我买了一盒相当昂贵的神户布丁礼盒，打算带给我的小宝贝吃。

她还是个幼儿，非常喜欢布丁。一个布丁礼盒里只有四个小布丁，每个不到二百毫升容量的布丁，就要台币一百多元。我心想，她一定会很开心吧！过海关时，我把布丁塞进电脑包里。

我的电脑包在过X光安检机时，过了三次，还是无法通过。

“我可以打开它吗？”瘦小、戴着深度近视眼镜的海关人员十分有礼貌地问。

“请便。”我心想，不过是电脑和布丁嘛！我不是恐怖分子，你高兴怎么检查都可以。我以为是手提电脑的问题，他该不会以为我的电脑里藏着什么会引发炸弹的程序吧！

他详细地检查每一样东西，由于他的近视度数很深，几乎把头埋进了我的袋子里。他很遗憾地拿出了布丁："这个不能带，很抱歉，我必须没收它。"

"为什么？"

"那是水。"

"那不是水，是布丁。"我说。我当然明白依据法规，不可以带水过海关。

"其他的东西都可以，就是这个不可以。"

"这是在机场买的，我连包装盒都没拆开，"我说，"你们不认识这个神户布丁吗？"

"我知道，但是不能带。"

"好吧！"我无奈地摊开手，耸耸肩。他也做了同样的动作。其实，我不只摊手耸肩，我还瞪了他一眼。

喔！不只如此，其实，我心里还骂了一句脏话，写出来可能会引发纠纷，还是不说为妙。文明一点来说，就是很讨厌这种不知变通、矫枉过正的官僚。天哪，我可爱的小宝贝吃不到神户布丁了。

过了海关，我发现自己在生气，气得东西南北都分不清，必须要深吸一口气，才想起来下一步应该是要寻找登机口，在二十分钟内登机。

有三秒钟的时间，我很冲动地认为，我美好的旅行被这个败笔破坏了。哼！我为你们赈灾，努力地捐款，而你们竟然没收我的布丁！他们竟然把布丁视为炸弹！

等我深吸了三口气之后，我开始问自己：“这件事有这么严重吗？”

其实——不过是——布——丁。

我生气，只是气到自己。那个迂腐的海关人员又感受不到！

我为什么要为布丁生气？我开始问自己，我怎样才能不生气？

有几个想法在一分钟内出笼了：

一、布丁——代表卡路里，少吃一个，我可以少胖一点。

二、发生倒霉的小事，其实是来消灾解厄的。小损失是上天为我消灾，小损失赚大钱（自我催眠）。

然后，我幻想着那个戴深度近视眼镜的海关人员，偷偷藏了我的布丁，在夜深人静时，津津有味地吃着我的炸弹布丁的样子。我扑哧一声笑了出来，此时，我的怒气消了八成。

回来后，我跟朋友说了这件事。在航空公司工作的朋友一点同情心也没有地说：“是你自己笨嘛！水和胶状物本来就不能带上飞机的。”

“那他们机场就不要卖布丁啊！”我说，他没有同情心的回答又让我生气。

“你这个人很‘卢’（闽南话‘烦’）耶，那机场也不能卖水喔？”

好吧！好吧！是我无知。

当发现这件事其实是我的错时，我反而得到最大的释放。好吧！本来就是我的错，不是他们故意为难我。

许多难以化解的仇恨，其实都起因于我们认为：他们故意为难我。

如果这个地雷可以除掉，那社会版新闻上凶杀案可以少很多，朋友之间也不会起纷争，亲人之间也不会有误解。

其实，所有怒气都有相同的本质。

话说，为什么我觉得有必要写一本《让优雅成为一种习惯》的书呢？这本书，最基本的出发点，其实是写给自己看的。

我知道，我是个天生很有脾气的人，常为小事抓狂，常在心里骂脏话，常找自己麻烦。如果没有那些后天的自我对话训练，我大概会变得“生人勿近”、一无是处，只能像只在下水道里狂奔的老鼠。

至今我还是很有自己的脾气，只是已经学会如何不让愤怒把自己变成一个不定时炸弹。

是的，我，我们，都需要不生气的技术。

只要是人，就一定会生气。

但是愤怒会蒙蔽理智，发泄愤怒的代价，

往往超出你的想象，可以让生命中的百宝箱，

因为不值得的人或东西，毁于一旦。

第一章

看别人不顺眼，是自己修养不够

爱生气的代价超乎想象

追求一时畅快的代价，

是花很多时间收拾遗留的副作用，

得不偿失。

每个人都会生气，就算是脾气很好的人，在遇到让他不顺心的事情时，也多半会在心里咒骂几句。但有些人就是修养好，不会让你听到他的咒骂声，因为他知道，愤怒发作之后，或许会产生一时的畅快感，但之后的副作用，往往要花很多力气收拾。

发泄愤怒的代价比你想象中的大。

阿正是我台大的学长，他的一生是波涛汹涌的武侠故事。

父母在他小时候就离婚了，他跟脾气暴躁的母亲同住。妈妈对他期望很高，却常用十分暴烈的方法管束他。青少年时期，他开始逃家逃学，加入帮派。

母亲为了不让他出门，曾经把他关在浴室里，还用木条牢牢地将厕所的门封起来。他则不惜打破小窗户，从三楼沿着水管往下爬，因为他老早跟几个朋友约好要去为某人寻仇，不去就不是兄弟。

少年时，他的绰号叫“黑旋风”。他曾经持小刀，一个人“杀”退了五个带着家伙的混混，在往后一生中，此事一直是他津津乐道的传奇。

高中没念完，他就辍学了。在十八岁那年，一个意外扭转了他的人生：某天早晨，他的结拜兄弟被人发现躺在干涸的大水沟里，老早没了气息。

他这个兄弟逞凶斗狠，家人老早和他断绝了关系，只有阿正为他处理后事。

阿正忽然警觉，如果他再混下去，有一天躺在水沟里的人一定是自己。他决定洗心革面，自幼天资聪颖的他，苦读了一年之后，竟然考上了台大。

那个年代能够考上大学已经很厉害了，一个高中没念完的家伙考上台大绝对是个传奇。他的母亲喜极而泣，连久未谋面的爸爸都“召见”

了这个儿子，给他大红包奖励。

阿正的人生改变了。大学毕业后，长得英俊挺拔的他，很快地在一个大家梦寐以求的大公司找到了工作。他做起事来，也是拼命三郎。

前半段是一个浪子回头的故事，但阿正后来的人生并不顺利。

问题就在于，本性难移，他还是一个很有脾气的人。而他的脾气，像不定时炸弹，心情好的时候，非常好相处；但心情不好的时候，只要脸一沉，很容易跟人发生冲突。有一次，他和某个让他觉得“精神有问题”的 A 同事一言不合，竟然拿起烟灰缸就丢过去，当场砸中 A 的脸。那人起身要打他，他也起身应战，全公司当场鸡飞狗跳，连他的顶头上司都出来抱住他的腰，战争才没有爆发。

一阵劝阻，大家以为战事平息了。没想到半个小时之后，趁着阿正聚精会神处理文件之际，A 悄悄拿了一张椅子，从阿正的背后攻击。阿正除了脑震荡之外，后脑勺还缝了十几针。

他独立做事时能力极强，但是没有领导敢让他当主管，升迁的都是别人。阿正因为怀才不遇，越来越郁闷。

发生脑震荡事件后，升迁更加无望，阿正负气离开了大公司，决定自行创业。然而，待惯大公司、脾气又刚直的人，无法拥有自行创业所需要的柔软度。

在我看来，一个爱生气的人往往有致命的弱点——他一定刚愎自用，因为他受不了别人忤逆他，只能顺着他的毛摸，因而能够跟他共处的，常是那些故意讨好他的人；而故意讨好他的人，往往是另有目的的人，以致他在事业上常常遇到一些“可爱的骗子”，不管做什么，都不顺利。

脾气不好，婚姻也不会顺遂。更何况，阿正的第一任妻子可不是什么温良恭俭让的女人。人常常因惺惺相惜而心心相印，阿正的妻子和他一样，也是个能力很强、脾气很硬。两人的婚姻在某一次冲突互殴之后收场，为时只有一年。

阿正先后有三次婚姻，第二次还娶了一个漂亮的模特儿，但女人对他的容忍度似乎都不超过一年。第三位甚至申请了保护令，让他变成亲友口中的家暴男。半年前，我在无意间看到阿正的新闻。这位当年意气风发的学长，因为嫌邻居太吵，半夜发生争执，把邻居打成重伤，被判了刑关进牢里。

唉！年过半百，脾气还这么大，我忍不住为他叹息。

一个无法按捺住自己脾气的人就像不定时炸弹，就算有些聪明才智，到头来还是惨淡。

也许你会说，不一定啊！也有那种脾气很坏的董事长，平时开会一言不合，就会拿烟灰缸 K 员工，人家的生意也做得轰轰烈烈啊！

这当然是极少数特例，你一定要了解，这位企业家的成功，靠的不是他的脾气坏，而是他不屈不挠的意志力和精锐的判断力。你看到的是他的刚硬处，没看到他的柔软处。他对员工凶暴，但对客户则是百依百顺，有求必应。

你看到他在事业上的成功，但看不到他心灵上的空虚。一个常常生气的人，即使他拥有很多财富，大家只能对他敬如猛虎，畏如蛇蝎，并不想要跟这样的人做心灵上的沟通。

你可以有脾气，但绝对也要懂得，发脾气像钉钉子，钉过必留痕迹。你钉别人，别人钉你，冤冤一定相报，人生在负面情绪中消磨殆尽，没有人能长久爱你，到老徒留叹息。

生气却不要犯罪，

不可含怒到日落。

——《圣经》

如何不失控，是人生重要的课题

愤怒会蒙蔽理智，

阻碍人的正确思考，

让生命中的百宝箱，

因为一个不值得的人或东西，

毁于一旦。

我少年时很喜欢一些很决绝的故事，比如“杜十娘怒沉百宝箱”。

大概和生在“小孩子有耳无嘴”的家庭，处于一个感情压抑、不能够表达意见的时代有关。

让我来简述一下“我最喜欢”的古典爱情故事吧！

话说，杜十娘这个女人，身世堪怜，十三岁就开始在上流妓院里执业了。由于她长得美，琴棋书画样样精通，又识得人情世故，十九岁的时候，已经是当时最红的名妓，许多王公贵人都拜倒在她的石榴裙下。

她知道，欢场里无真情爱，然而，她一心是渴望从良的。

当名妓，自然有一些王公贵人来献殷勤，她的手腕很好，有人送她名贵的礼物，她都来者不拒，当成自己的私房钱存起来，因为她很有计划地想脱身。

十九岁那年，她看上了一个年轻人李甲。李甲的父亲是地方官，他赴京赶考，朋友带他到妓院放松一下，他看上了杜十娘。

他并不算才高八斗，也不是风流倜傥，杜十娘看上他，一来是缘分到了，看对了眼；二来是疼惜他的生嫩和老实。

就跟许多书生爱上名妓的爱情故事一样，李甲流连妓院，把父亲给他的钱都花完了。床头金尽，平时对他满脸笑的老鸨也变了脸，要把他赶出去。

杜十娘用计激老鸨，让老鸨对这个穷书生说：“只要你在期限内拿出三百两银子，我就让十娘赎身，跟你回家！”

杜十娘当然不止值三百两，但老鸨认定李甲根本筹不到这笔钱。

为妓女赎身，李甲的亲友哪敢借钱给他。看着李甲借贷无门，杜十娘装作很困难地拿出了一百五十两，说这是自己多年省吃俭用的钱，希望李甲能够筹到另外一半。

李甲运气不坏，遇到了一位行侠仗义的朋友。朋友听说杜十娘自己拿出了一百五十两，深受感动，也拿出了一百五十两给李甲，说：“我这钱不是给你的，是为了成全这位女子的深情！”

老鸨看到三百两银子，虽然心不甘、情不愿，但还是遵守承诺，让杜十娘走人。

李甲要从京城回乡，路途遥远，且已一穷二白，不知道怎么回去。此时杜十娘又掏出了二十两，让李甲转忧为喜。二十两不够，半路上用完了，杜十娘又从她的箱子里拿出了五十两银子。

杜十娘是个聪明人，她了解，娶妓为妻，李甲的阻力一定很大。她还建议李甲，自己先在他家乡附近找个地方住下来，不跟他一起回家，等到他的父母没有那么反对了，再做下一步打算。

近乡情更怯，本来就不太有自制力、不太“有种”的李甲（不好意思，这些形容词都是我加的），越想越担心。他想到了爸爸那张严肃的脸，如果他带杜十娘回家，爸爸一问，“啊？！她是妓院出身？”自己铁定被打个半死。越接近故乡，李甲越是愁眉不展。

他们是搭船回家的。十娘看郎君心情不好，决定一展歌喉，唱个小调给李甲听。

她的歌声太动听了，引来了别的商船停下来听她唱歌。另一艘华丽的船上，坐着一位富家子弟，名叫孙富。孙富是个花花公子，一看到十娘，惊为天人，非得到这个女人不可。再看十娘，眉眼间带着无限风情，心想她必不是一般女子。他约了李甲喝酒吃饭，问个详细。

李甲涉世未深，酒过三巡，把所有的心事都倒给了孙富。孙富说："哈哈！我来替你解决问题吧！不如，你把这个女人卖给我，我给你一千两银子，还解决了你们父子间可能的冲突，这不是很美妙吗？"

李甲的确是个阿斗，他竟然同意了，还马上回去告诉十娘。

十娘听了，心一冷，表面上装作忍辱负重的样子，答应了孙富的要求。就在李甲拿了一千两银子，她即将从李甲船上到孙富船上时，她要人把百宝箱搬到船头来。

这下子可精彩了，打开百宝箱第一层，里头都是宝石、饰物，看来值数百两。十娘全部把它们丢进江中，看得两船的人都张大了嘴巴。

第二层，都是玉箫金管，古玉古玩，粗估价值就有数千两，她也拿了全部投入大江之中，观者都快吓昏了。

最后，她打开压箱宝，里头有夜明珠、猫儿眼宝石、祖母绿等珍稀宝贝，看来都是无价之宝。大家看得都忘了发生了什么事，只会大声喝彩，她也一把想要丢进江中。这下子，两个男人都来劝，李甲也跪地抱着十娘痛哭，没想到十娘把孙富和李甲教训了一番后，抱着宝箱投江自尽了！

严格来说，这不是一个爱情故事，而是一个遇上负心汉的可怜女人的故事。

杜十娘真的很酷，对不对？

李甲一定后悔极了，他为了千金，却丢了万金！

这个没用的男人，确实不值得十娘为他这么做，杜十娘应该是羞愤负气自杀吧！

她做得很决绝、很有姿态、很有尊严、很悲壮。但是，当我年纪渐长，再回顾这个故事，我的感触只剩下叹息——不值得啊！

有那么多钱，不如彻夜离开，就算没有收入也可以好好活下去，何必拿自己的宝贵生命来报复那个孬种呢？

在愤怒时，我们常无法思考，什么才是人生中的最佳决策。

杜十娘并不一下子告诉李甲，她有很多钱，因为她怕男人不是爱她，只是爱她拥有的东西。

她慢慢把钱拿出来解困，算是很聪明的。然而，像她这么聪明的人，还是无法抵挡自己的愤怒来袭。

很多聪明的人，都毁在感觉自己的尊严被剥夺的一时之怒上，在愤怒时采取“玉石俱焚”的做法。之所以连自己的命也不顾，不惜任何代价，就是要对方感觉：我错了，我后悔了。

但是，并不值得。

人在面对背叛时，很难不生气。

如何生气而不失控，是人生中的重要课题。我们都不希望自己生命中的百宝箱，因为一个不值得的人或东西，毁于一旦，不是吗？

冷静还是第一步。他抛弃你，你就要抛弃自己吗？不要让自己的损失比对不起你的人大。遇大事时要想得开，必须在小事时就懂得不生气的技术。和自己对话，才能把怒气转到别的方向。

记住，不管你如何生气，别人如何对不起你，你都有更好的选择，千万不要伤害自己。

生气，

是吹灭心灵之灯的风。

——罗伯特·英格索

生气有害有毒

我有量血压的习惯。

某天，我为一件小事（现在也忘了）生气，气得不得了，正“无所适从”时，脑袋里忽然出现一个声音：“喂，量量看血压有何变化吧！”

一量，天哪，155/92——高血压！我马上深呼吸了几口气，试图从肩膀肌肉开始放松，让呼吸均匀些。三分钟后，我再量了一次，只有115/75了。

生气时血压飙高，真是可怕，难怪有人气到中风啊！

爱生气真是一种慢性自杀的行为。

日本学者相信，生气的母亲，若哺育孩子，奶水里会有毒素，不但害己，还会害到孩子。光一个人在那儿生闷气，实在没什么好处。生建设性的气，一定要解决问题才行。

聪明的女人，懂得控制情绪

这不是因为男尊女卑，而是现实问题：

社会大众对女人EQ的要求比男人高得多，

也不容易原谅女人一时的情绪失控。

你没有看错，虽然你觉得这个标题根本是男女不平等，而我绝对不是一个支持男尊女卑的女人。

我是从现实面来看这件事情，女人发脾气的后遗症，一定比男人大。

我曾经在某个小餐厅里看到这一幕。

一个看来是新手的服务生，在端饮料上桌时，和刚好起身的客人碰撞了，一杯果汁不偏不倚地倒进了女客人的皮包里。

女客人不到三十岁，她勃然大怒，跳起来大骂服务生，要她赔。

店经理也来了，很客气地说："这样吧！这一餐，你们六个人都免费，我请客赔罪。"

女客人继续骂人，骂到做错事的女服务生都低头痛哭了。

"我这是刚在网上买的限量款，三千八百元，刚用就被你弄脏了，现在有钱也买不到，你赔得起吗？"

我瞄了一眼那个塑料包，心想，要清洗并不困难吧！

店经理说："这样吧！你把包留下来，我们负责帮你清洗，恢复原状，再寄回去给你好吗？"

"你们这什么烂店！"女客人继续得理不饶人，"我怎么确定你们洗得干净？"

当时，正是餐厅最忙碌的时候，客人满座，而店经理赔着笑脸在那里听训。

连这个女客人的男友也有点不耐烦了："喂，那你要怎么样你说嘛！人家店经理已经很有诚意在道歉了，你不要闹了好不好？"

女客人坚持店家赔她整整三千八百元，而且，包她要带走。

"这样已经很便宜了。你们看里面的东西也弄湿了，我还没有要你们赔皮夹和证件毁损的费用呢！"

她大概又骂了十分钟。

我想，她离开这家店之后，一定会扬扬自得地告诉朋友和家人：“看，就是因为我据理力争，所以才赚到这三千八百元。”

包包洗一洗还可以用，这三千八岂不是白赚呢！

很多很凶悍、锱铢必较的女人，争的都是小东西。她们认为，就是因为自己会发脾气，才能争取到别人没有，或自己的男人争取不到的权利。

但如果，你把这个例子拿给大部分的正常男人看，他们一定会说：“这样的女人，我会怕啊！”

赢得男人敬意的是幸福的女人，赢得男人敬畏的，一定是活得很辛苦的女人。

男人最怕凶巴巴、不讲理、事事想要赢、吃了点亏就大声嚷嚷、得理不饶人的女人。

在职场中，也是一样。

在办公室里对同事很凶的男人，有可能会升官，因为领导会认为他的脾气和能力对等，能制得住人。

很凶的女人给人的观感就是：她是个无法处理情绪的母老虎。男人们会在背后说：“她是不是生理期来了？”“这种女人谁敢要？”“她真是歇斯底里。”“她的老公真倒霉。”

很凶的女主管也绝对比很凶的男主管容易得到恶评。

社会大众对女人 EQ 的要求比男人高得多，也不容易原谅女人的一时情绪失控。就算不要提到“凶”字好了，男女之间，连哭都不平等。

女人在办公室哭，男人会避得很远，心里想：哭什么哭？为什么不能就事论事？为什么要影响大家的情绪？

男人并不喜欢女人哭泣，说“怕”字，只因他们一见女人哭，就认为其手足无措而已，而且只是厌恶，很少真的心生同情。公事上，女人千万不要以为哭是有用的武器，尤其是因为生气而哭，更会让人觉得你真是个脆弱没用的东西。

男人哭，只要不是常哭，还会受到“男儿有泪不轻弹”这句老话的保护，大家会想：他一定是遇到什么特殊状况，无法舒压，才会失控的吧！他真是个性情中人啊！

办公室里富同情心的女人，还会觉得他很可爱。

一般来说，女人利用情绪来达到某些小目的，长久来看，都是有害而无益的。

一个男人，除非不得已，一定不会想要和“脾气很大”“很难相处”的女人处一辈子。

他们不要女斗士、母斗鸡，他们要的是爱情激情过后，还能如沐春风的感觉。

爱发脾气的女人，可能会有“一益”，但会获得“百害”。

人的直觉反应

面对很凶的女上司

她是不是生理期来了？这种女人谁敢要？她真是歇斯底里。她的老公真倒霉。

面对很凶的男上司

他好有威严。最好别惹他生气。他好有魄力。

看到哭泣的同事时

哭什么哭？为什么不能就事论事？为什么要影响大家的情绪？她一定是一个“脾气很大、很难相处”的女人。

男儿有泪不轻弹。他一定是遇到什么特殊状况，无法减压，才会失控的吧？他真是个性情中人啊！

女人不能全无脾气

当然我也承认，有些时候，女人也不能全无脾气。我曾经遇到过一个状况，是在某餐厅吃饭，我很意外地碰到好久不见的友人阿吉夫妇。

他们也带了一群亲友来吃饭。阿吉向我挥手，我也很自然地坐过去打招呼。阿吉旁边有个年纪不小的男人，忽然冒出了一句话：“吴小姐，没想到你也会坐台啊！”

他这么一讲，一桌的人脸色都有点变了。我马上收拾起灿烂笑容，只留嘴角一抹微笑，郑重地轻声对他说：“这个玩笑不好笑，你最好尊重一点喔！”

我的声音放得很低，但同桌的人都听见了，立刻有人打圆场：“不好意思，他就是爱乱讲话。”那位大哥也知道自己错了，他说：“抱歉，我就是爱乱说话。”

当然，这件事就这样过去了，对方道歉，我也没多想，又恢复原来的笑容和阿吉夫妇话家常。

我走前，那位大哥还过来道歉：“不好意思，不好意思。”

其实，他也不是故意的。我想，人活到那一把年纪，嘴巴还乱损别人，成就应该有限吧！希望他能自我反省就好，我可不负责用我的生气来教训他呀！

生气是拿别人的错误惩罚自己。

——康德

迁怒是最坏的习惯

迁怒是最坏的发怒习惯。

动不动就怪罪别人的人，谁都怕被他冲撞到，

最后只会演变成人际关系的破产。

我曾经认识这样的男生，他很有才华，但有个很可怕的缺点：很擅长为自己的委屈寻找怪罪的对象。

简单地说，就是很会迁怒，千错万错都不是他的错。

有一次，我介绍他帮某个刊物写稿，自以为做了件好事。不料，他在预定交稿日的前一天，打电话给我，劈头就说："都是你帮我找的

麻烦！”

我一头雾水：“怎么了？”

“你要我帮忙写的那篇稿子，我还没有时间写！真是的，这几天忙翻了，哪有时间写稿啊！”

我简直不相信自己的耳朵。咦？当初是你要我帮你介绍，看有没有专栏可以写的，你说你有很多个人意见要发表，怎么变成我帮你找麻烦了呢？

“这样啊……”我按捺住自己的脾气，心想，最重要的是要解决问题吧！截稿时间已经到了，主编也是我的朋友，而他又是我介绍的，如果他没交稿，让人家的杂志开天窗，我也该负点责任。

“那你打算怎么办呢？”

“真是的，真不该答应那个烂杂志！”他竟然又开骂了。

“嗯，要不然……要不然你打个电话给主编，说你真的没时间写，我努力帮你赶一篇出来好了。”我说。年轻时的我，常听不懂别人话中的真意。

他在电话那头沉默了半晌。怎么了？

“唉！跟你讲话真是越讲越沮丧，”他说，“我会自己想办法啦！我警告你，不要想替我写！”啊？我莫名其妙地又变成猪八戒照镜子了？

后来，他还是赶工挤出一篇稿子，然后很开心地告诉我，他交稿了。我恍然大悟，原来他只是想找我抱怨，并不是要求我解决问题，是我多事了。

第二天，问题换到另一边。主编说，他的稿子写得很好，掷地有声，但不是那么适合软性杂志。

“嗯……不好意思，你可以直接跟他说吗？”我想，我做媒人并不包生儿子啊！我明白这位才子的脾气，才不去当这只报丧乌鸦呢！

过不久，才子打来电话，又骂了我一顿：“都是你介绍的烂杂志！什么不适合他们的风格，要我修改。谁敢改我的稿子！只要他们偷改一个字，我就告到他们灰头土脸！”

我暗自发誓，不要再胡乱热心下去了。

对很有才华的人，我们多半会较为容忍，才子就是这样被宠坏的，所以习惯把过错怪罪在别人身上。

这件事情让我开始认真思考，还要不要跟这样的人交朋友，怎么我以为自己在做好事，到头来却是自找倒霉呢？

还有一次更好笑。某天中午，我们约在我办公室附近的餐厅谈事情，一点多，我回到办公室，忽然响起了演习的警报声。不久，我的电话也响了，传出了他的叫骂声：“你真的很过分！有演习也不告诉我，现在好了，我被困在这里动弹不得，要在这边等一个小时！”

“不好意思，我也不知道……”

“都是你的错！我跟人家约好三点谈事情，这下子可搞砸了。”

“你故意约离你办公室近的地方对不对？这样你好走回去，我就倒霉了。你这个人怎么这么自私啊？”

接着，我把话筒拿到离我耳朵十五厘米处，因为再听下去也一样。过了五分钟，我又把电话拿来听，果然，他还在骂，并没发现我根本没在听。

听下去会生气的事，干脆不要听，这也是避免自己生气的方法：某些时候得装作耳不聪、目不明，才聪明。

从此，我对这个人打了大叉，以后也少有联络。事情已过了十多年，这个人还是一样怀才不遇、愤世嫉俗，感情路也走得不顺遂。听说他后来受了宗教感召，变成另外一个人，真让人为他高兴。否则，如果他依然故我，谁能跟他相处下去？

迁怒是最坏的发怒习惯，如果你真的想发怒，一定要找到真正的目标和对象。一个动不动就怪别人的人，会变成一匹人见人惧的疯马，谁都怕被它冲撞到，最后演变成人际关系的破产。

迁怒是最坏的发怒习惯，如果你真的想发怒，一定要找到正确的目标和对象，千万不要伤及无辜。

如果是我错了，我凭什么生气；如果是别人错了，我为什么要生气。

——林则徐

干脆不要听

明明知道对方不会讲好话，你偏要听个仔细，这不是自找麻烦吗？干脆不要听，会让你轻松很多。

我曾因为公事，必须常常见到一个出口从没好话——专门告诉你，她又听到别人说你什么坏话——的女士。某一次，我决定用此法应对，当她靠过来，又开始说："我知道我不该说，但你知道我在网络上看到有人怎样骂你吗？"我对她微笑，说："谢谢，我真的不想知道。"

她那愕然的表情，实在太有趣了。

> 无论你怎样地表示愤怒，都不要做出任何无法挽回的事来。
>
> ——培根

小不忍则乱大谋

人都有见微知著的本事，

如果一件小事就引爆了你的情绪地雷，

谁还敢找你做大事？

在朋友眼中，阿平是个脾气很好的男人，不但平时笑口常开，任何人有事拜托他，他都非常热心，力求解决问题。

没想到，有天顺路搭他的便车之后，我的感觉是：天哪！他的身体里一定藏着一个魔鬼吧？要不然，怎么会判若两人？

他在等红灯时接了一通电话，绿灯亮时，启动慢了一点，有人按他喇叭，他摇下车窗比中指。哇！好好先生也会比中指耶！我和朋友面面相觑，舌头都快掉出来了。

他惊觉自己的失态，回过头对我们说：“不好意思，我忘了车上有人。你知道，这种没耐心、没礼貌、没水平的人真讨厌！”

过了几分钟，右侧来的红色小车差点撞到他。那辆小车的司机看来也是在接移动电话，所以有点蛇行。阿平破口大骂：“开车行进中接什么电话，×××！生的儿子没屁眼！”

这一次，我们的舌头差点掉到地上。

阿平也察觉到我们异样的表情，又回过头来对我们微笑：“不好意思，我就是受不了这种开车不专心的人，像我只有在停下来的时候才接电话，这种人真的很差劲耶！”

我暗自发誓，再也不要搭阿平的车。

有一天碰到阿平的太太，无意间聊到这个问题，只听到她说：“我真的不了解阿平是怎么回事，他只要一开车，就会变成另外一个人。你们知道吗？连我爸妈都发誓再也不坐阿平开的车。我忘了告诉他们，阿平很不喜欢人家在他开车时说话太大声。那次他开车去接两位老人家，他们在车上说话大声了点，阿平脸色越来越难看，最后竟然警告他们：‘你们以后在车上讲话不要太大声！要不然，我就不客气了！’

“有一次我在车上，他遇到有人超车，竟然加速一路飙到那辆车前头，一个大回转把车拦下来，跳下车就想跟人比画！结果，那辆车的主人拎着一把拐杖锁出来，吓死我了。害我一直跟人家赔不是，才没闹出大事。”

以小见大，很容易因小事跟人家过不去的人，脾气应该很坏才是。问题在于，阿平只要不开车，就是一只羊，只有开车时才会很容易被激怒，忽然变成一头猛虎。

车，是阿平的地雷。

避开别人的地雷，确实是我们应有的美德。如果你是阿平的亲友，对于他开车时的脾气最好别太计较，以策安全。

阿平并不知道，每个人都有“见微知著”的本事，不小心搭上他车的我们，看到他这种“小不忍则乱大谋”的表现，哪里敢找阿平合作什么大事？

情绪地雷的产生，是一种画地自限，因为我们在心里是这样告诉自己的：“这就是我的底线，不要在这里得罪我，否则你就完了。”

我们常理直气壮地维护自己的地雷区，并没有想到，其实会引爆你的只是一件微小的事情、一件即使你生气也会发生的事。如果能够自己把地雷清除掉，人生会活得更好。

你可以有原则，并且告诉别人你的原则，不必日日玩变脸游戏。

我常搭出租车，若刚好遇到交通拥堵时刻，常会听到司机边开车边抱怨：“唉！又塞车了，他们不知道在做什么？”真的是怨声载道，有的司机还会因此发火，猛按喇叭，大声骂“三字经”等。

没有任何乘客这时候是舒服的。对乘客来说，倒霉的不是碰到塞车，而是在塞车时碰到一位 EQ 不高的司机，被迫听他抱怨，逃也逃不掉。

我常想，天天都会塞车，而你又以此为业，岂不是要天天不开心吗？为什么不往好处想？就算车动不了，计费表也还是会跳，也许赚的比不上风驰电掣时多，但好歹你的车上有乘客！

你相信这世界上会有人人循规蹈矩开车的一天吗？你相信交通建设做得够好，就可以永不塞车吗？如果你也不相信，那么就减少抱怨吧！何必在马路上靠嘴巴除暴安良？

那些被堵塞的时光，或许很适合用来思考。比如我，碰上塞车时，就拿出 iPhone 和耳机来练习日语，心想，平时还没有时间温习呢！

烦闷时，把自己的心思调离现场，找点事情做，你会在最讨厌的事情中看到转机。

化解情绪地雷

菊儿是个爱美的女人，已经四十多岁了，还努力让自己看起来像个少女。

某天，她在一个宴会上遇到二十年前的老同学阿芬。已经一副欧巴桑样的阿芬，一看到她就拉着她叙旧，而且说得很大声："哇！我二十多年前认识你的时候，你还没这么漂亮。你去哪里整的？"

她还拉着菊儿合照，逢人就说两人年纪一样大，把菊儿气个半死，阿芬却乐得要命。

菊儿气得好几天睡不着觉，躁郁症差点发作。

很多人都有情绪地雷，但有些人并没有意识到自己的情绪地雷在哪里。

很简单，只要提到某件事，你就会不快时，那就是情绪地雷。

有些女人非常怕"老"，连带着，对相关字眼都很敏感。你根本不必说到她老不老，只要谈话内容稍稍涉及年龄，她就会怀疑你在指桑骂槐。

有些男人，尤其是失业的男人，对于"没出息"是敏感的，就算言者无心，他也会想到那里去。比如太太闲聊时说道："隔壁老王换了一辆跑车。"他也可以想成："你在讽刺我对不对？"

有些人对"胖"敏感，有些人对"唠叨"敏感，你最好不要哪壶不开提哪壶。我有个老朋友，是激怒别人的专家，她会在个子娇小的女士面前说："请问你现在是坐着吗？"也会在生不出孩子的人面前说："生孩子有那么困难吗？我怎么避孕都能生啊！"

这样的人会得到报应啦！的确，你不用生气，她已经在家休息好几年了，什么工作都做不久。

如果你有情绪地雷，两种方法可以避免自己生气：

一是自我解嘲。对啊！生不出来就生不出来，怎样？老就老，怎样？自我解嘲次数多了之后，地雷也就无形化解了。

二是喊"卡"。若他已经踩到你的地雷，请不要生闷气，直接平静地告诉他："你真是哪壶不开提哪壶，如果我们想做朋友，请别这么说。"防堵效果比生闷气好得多。

我很怕唠叨，对于不得不合作但很唠叨的人，我会说："不好意思，我现在有个电话要打"或"我明白了。我知道了。谢谢"来止住别人一再倒带。

语气一定要温和。想想，我们自己有时候也会不自觉地唠叨呀。

别生气。如果你生气，就一定有人哪壶不开提哪壶，因为你有反应，所以他乐于逗你。

争吵是一种人玩的游戏。然而它是一种奇怪的游戏，没有任何一方曾经赢过。

——富兰克林

不动气者得天下

在人生关键点不生气、

不做武断的决定者，才会是大赢家。

忍过了，你就会得到奖品。

公元前二百年左右，楚汉相争中，有一段精彩的故事：话说，刘邦打下了项羽的都城，正志得意满之际，项羽又来个全面大反扑，抓了刘邦的老爸和老婆当人质。

此时是楚汉相争最关键的时刻，项羽的军队已经粮草不济了，如果不使出“撒手锏”，天下就是刘邦的。于是项羽把脑筋动到了刘邦的老爸身上，他建了一个高台，上头煮大锅汤，把刘邦老爸绑在上面，请使者对刘邦说：“喂！我要把你老爸煮来吃喔！”看你能怎么样？

他想，刘邦若不救老爸，一定会被天下人笑，看你要不要来谈交换条件。

没想到，刘邦还真是一个彻底的痞子，他竟然回答：“当年我和你一起称王的时候，曾经拜为兄弟，那么，我爸就是你爸，你如果要煮我爸，就分我一杯羹吃吧！”

这个反应太出乎项羽的意料，刘邦用“我爸就是你爸”，把道德责任转嫁给他，项羽简直吃了一个大闷亏。过了一年，两边讲和，划定鸿沟为楚河汉界，刘爸爸和刘太太才回到刘邦身边。

刘邦为什么敢讲出“分我一杯羹”这种话呢？据推测有两种原因。

一是他本来就是小混混出身，就算他在得天下之后，也会故意在儒生的帽子里撒尿，对读书人非常不尊敬，在他的脑袋里，儒家的孝道可不是最高准则。还好张良劝他：“你以为，你在马上得天下，就可以在马上治天下吗？”他幡然醒悟，才变得稍有气魄。为了救老爸和老婆而放弃天下，他才没那么忠厚。

二是他看透了项羽的个性，项羽力拔山兮气盖世，却有妇人之仁，是个热心肠的好人，项羽想要煮他爸，不过是做做样子威胁他。

又过了一年，两边又打了起来，项羽因为急于衣锦还乡，被埋伏的汉兵袭击，退到垓下，刘邦又导演了一场四面楚歌的心理战（几千汉军一起唱项羽家乡的歌谣，想暗示项羽，汉营里有许多楚人，楚地已经被我们打下来了），项羽后来只剩二十多骑兵马，沮丧得不得了，他的最爱虞姬，为了让他不再心有旁骛，还在他面前自杀。项羽逃到了江边，再过去就是故乡了，好心的乌江亭长劝他卷土重来，他明明有逃命的机会，却因面子问题卡住："就算江东父老看我可怜而接纳我，我哪里有脸见他们？"最后毅然自刎了。

不好意思，在叙述这段故事时，我加了许多个人意见。

项羽虽然是个英雄，但爱面子，情绪又容易受到外界的影响。刘邦虽然是个硬心肠痞子，连司马迁也不喜欢他，但无论如何，到底还是赢得了天下。如果项羽有刘邦一痞天下无难事的个性，大可以低着头带着二十多个精英回到江东，再来个十年生聚、十年教训，东山再起。

项羽死时才三十岁。项羽为什么输？

若以EQ来说，刘邦在面临关键时刻的冷静，显然是胜项羽一筹的。连人家要煮他老爸，他都能不动怒，那还有什么可以影响他得天下的野心呢？

不过，话说回来，如果你是刘邦的老婆，你一定会很生气，他连老爸被煮都不救，老婆当然也可以随便换。当时被追得走投无路时，刘邦还曾经为了减轻车子的重量，把亲生儿子推下车去（当然也有人说他是演戏给大家看：我对你们比对我的孩子还看重）。

如果你是吕后，你一定很生气。

无法消化掉的怒气是有后遗症的，特别是当你得罪的是一个有厉害本领的女人时。后来刘邦撒手人寰，吕后变成了实际上的女皇帝，她分封自己的亲戚，干掉刘氏诸王，杀了刘邦爱子，又把刘邦爱妃戚夫人变成人彘，也是多年怨恨不得发泄的缘故吧。

万万别惹女人生气——这是刘邦忘记的事情，所以，祸延子孙。

无论如何，在人生关键点不生气，不做武断的决定者，才会是大赢家。如果你确定，你正在朝自己的目标前进，一时忍气吞声又有什么关系？忍过了，你必然会得到回报。

> 愤怒以愚蠢开始，以后悔告终。
>
> ——毕达哥拉斯

看别人不顺眼，是自己修养不够

有些气生得无聊又可笑：

自己气得半死，别人根本不知道。

这种单纯损到自己的气，干吗生？

聊天时，阿存苦笑着告诉我："我爸每年生日，我都送他一台电视机。"

"都不换一下？"我说，"也太没创意了。"

"我本来也想换个花样，"阿存说，"但是，他常看电视，越看越生气，气到拿东西砸电视，所以他的电视常坏掉。上个月他看某某人的政论节目，又拿酒瓶砸电视了。这样也好，我完全不必伤脑筋。”

哈哈！原来，还真有人会气到砸电视。

你砸电视，电视里那个讨厌的人又不会痛，徒然减损了自己的财产，何必呢？可是，盛怒中的人，总不会想到这些。世上的事情用损与利来组合，大致可分成以下几种：

一、利人利己——那一定要做。

二、利人损己——慈善家应该做。

三、损人利己——道义上最好不做。

四、损人损己或损人不利己——笨蛋才会做。

世事损利衡量表		
利人利己	★★★★★	每个人都应该做
利人损己	★★★★★	慈善家应该做
损人利己	★★★★★	道义上最好不做
损人不利己	★★★★★	笨蛋才会去做
单纯损己	★★★★★★★	蠢到死的人会去做

砸电视这种行为算第五种：很单纯地损自己，跟别人一点关系也没有。你以为损到了别人，其实只损到了自己。

很好笑，是不是？且慢笑别人，日常生活中，我们虽然不一定会砸电视，但也常有类似的行为：别人根本不晓得，但自己气得要死。

第一种是所谓“愤世嫉俗”的性格，看什么都不顺眼，自怨自艾。

这种人因为先入为主的观念，对某些根本不认识的人或物生气，而且还越想越气，气到影响自己的人际关系，变成“老板骂老公，老公骂老婆，老婆打小孩，小孩踢狗”的恶性循环。

第二种则是生闷气。几乎每个人都生过闷气，徒然得内伤，很少人能在生闷气的那一刻，反省到自己既好笑又无聊。

虽然绝大部分人不会因为政论节目砸电视，但有不少人因为电视连续剧的情节而生气。很多节目制作人都知道，能够让大家“一边看一边骂”的情节，就是收视率的保证，因为观众就吃这一套。

你自己气得半死，别人又不知道，那么，这样的气不要生，快快关掉它便是了，为什么你要边气边看，为什么不选择离开，难道你有受虐癖吗?

气得半死却离不开，是我们的惰性。

感情上有受虐癖的人也不少，一边爱一边骂，气一辈子也在一起一辈子。其实大部分的气是白生的，他既然让你看了生气，你可以选择离开；若你不愿离开，只好增强自己的宽容度了。

看别人不顺眼，是自己修养不够。

——证严法师

别为小事抓狂

越紧盯着小事情计较，越看不到幸福。

为了美好未来，请放开心胸，

别气那飞进眼中的一粒沙。

有的女人心眼小，常为小事情生气。有些事情，实在细小得不得了，但她非常计较。

在节目上曾访问过一位新婚的漂亮女生，她说，一结婚就跟老公大吵了一架。起因是某天他们去访友，她发现丝袜破了，老公答应，一走出朋友家门，就陪她去买。

因为聊得太开心了，朋友约他们一起吃晚餐，老公也把陪她买丝袜这件事忘了。她一边吃饭一边生闷气，也不准备提醒他，她要看这个粗心的男人什么时候才会记起来。

边享用美食边喝酒的男人，怎么可能记起来？

一直到回家，他都没想起这件事。睡觉前，他发现她把嘴噘得老高。“怎么了？”她偏不告诉他。

她为这件事睡不着，累坏的男人却睡得鼾声大作，她越想越生气。

到了天亮，她还未合眼。好不容易等他睡醒，她忍不住问：“你知道你昨天忘了什么吗？”

“什么？”

男人猜了一百次，都没猜中（这种耐心，保证只限于你侬我侬的新婚）。

这不能怪男人，丝袜穿在她腿上，破了，他根本不在意啊！

女人生这种气实在很无聊。男人的忘性确实大，有人说，男人很希望女人“忘记我曾经说过的话，我说的话在七天后正式失效”。而女人则希望男人不管在任何状况下，说的事情永远有效。

有个童话是这样的：一个不怎么富有的国家的皇后，想要为儿子找到一个真正的公主当妻子。

她让自称公主的人睡在一张床上，在床上垫上十二张床垫，下头放着一颗豌豆。早上，她会问那个公主，睡得如何？如果公主回答，她睡得很好，那她就不是真正的公主。

终于有一天，她找到真正的公主了。因为只有这个公主说，床好难睡，床下有个巨大的东西，让她腰酸背痛。她让王子娶了这个落难的真公主。

哈哈！我想真实世界中不会有这么笨的妈妈，娶这么挑剔的媳妇不是自找麻烦吗？

其实，男人很怕这种公主。

一个公主，如果没有学会在婚后容忍那些会让你腰酸背痛的“豌豆”，并且原谅王子曾经答应但没做到的小小承诺，她应该没有办法在日常生活中变成一个精神正常的母亲。

女人若要跟男人相处，必须得粗心健忘一些；男人若要跟女人相处，当然得细心体贴一点，要不然，女人永远觉得男人不够爱她，男人永远觉得女人在扯后腿。

判断标准很简单：如果你越计较那件事，你会越不幸福，那就请你放开心胸，别计较吧。为了美好未来，别气那飞进眼中的一粒沙。

愤怒使别人遭殃，但受害最大的却是自己。

——托尔斯泰

自觉，是驱赶愤怒的良药

一个愤怒的人，常常成为带原者，

传播愤怒，让所在的空间浊气逼人，

也影响别人的内心，

充满理性所不可理解的愤怒。

我常常看到愤怒的人，有时候同一天内，就可以看到好多起。

这天上午，我十一点录完广播节目后，决定喝个咖啡再回家。

我一个人喝咖啡时，一定会带电脑，在咖啡厅写稿对我来说是很有趣的事情。

我走进了一家小巧的咖啡厅，里面人不多，只有一名女子和我。

她三四十岁，桌上也放着一台笔记本电脑。

我以为我可以享受很悠闲的午后，但她在叹气，很大力地敲着键盘。

我听见她问服务生："你们这里的网络很难联上是不是？"

服务生也很理所当然地回答："对啊！很难。"

一句话就堵住所有可能了。

女子之后一直在叹气，一声比一声沉重。

我看了看四周，只有她和我。

她在叹气给谁听呢？若不是我，就是她自己了。

她的动作越来越不耐烦，除了大力敲键盘之外，还发出啧啧的声音。

我想，她生气了。坐在一个生气的人旁边，如果你感觉敏锐一点的话，可以感觉到某种浊气逼人，让人非常不舒服。

我心想，如果你一定要联网，而这里联不上，那么，你叹气也没用，应该换一家咖啡厅吧！

我打开电脑，心想，还好我不用联上网，我只是要打字。

她过了半小时才走。她走后没几分钟，马上又来了一桌人。

共三个人，他们大声地用广东话与普通话交谈，声音大到像家人在客厅里头聊天一样。

我有点不悦。

不久，我也听见自己发出叹息声，故意把动作做得很大，且不自觉地用力敲键盘。

啊！有个问题跳进我的脑海里，我问自己：“你这是在做什么？你怎么那么像刚刚那个女人啊？”

我在做什么？

我……在象征性地发泄我的怒气吧！我很不高兴他们这么大声，打扰到我写作，但我敢怒不敢言，所以，我在生气。

我跟刚刚那个女人一模一样。在这个狭窄的空间里，愤怒真像感冒一样会传染啊！

我完成一个段落之后，收了电脑就走。离开那个小空间之后，我觉得好多了。

就在我搭捷运回家，出捷运站之后，我看到一位头发有点花白的老太太，在马路中间大叫：“太过分了！太过分了！太过分了！”她拿着伞在空中胡乱挥舞，好像在打什么东西似的。

我没有看到任何人在她身边，而她看起来非常愤怒。

我担心她有精神上的问题，为了不被她的伞打到，我故意避得很远。

生气的人真多啊！如果你仔细观察的话，每天走在路上，都有人在生气。光这一天我就体悟到，生气，真的是一种消极的抗议。在咖啡厅里，我不敢对他们说：“小声点好吗？这里不是你们的家。”所以我在生气。

生气的人，确实大多是因无法处理问题而累积怒气的。

那位被我视为精神有问题的老太太，过去的人生中应该也有许多无法及时处理，及她不能正面面对的怒气吧！所以她才在没有人的马路上发狂，这也应该是累积怒气的影响。

很多愤怒是自然来袭的，你对某事不满意，所以愤怒。一个愤怒的人，常会企图传播愤怒，希望别人感同身受，和他一样，对某一件事，充满理性所不可理解的愤怒。

而自觉，是驱赶愤怒的良药，照亮黑暗面的夜明珠。

当我们生气时，我们需要的是自觉，阻止自己把怒气传播出去，如此，我们就不会变成愤怒的带原者。

不轻易发怒，胜于勇士。

——所罗门

愤怒会传染吗

这么说有些夸张，但我确认，愤怒是会非理性传播的。

英国中古世纪的女巫事件，现在看来荒谬万分，然而，整整三百多年之间，却有三十万个女人被冠上女巫的罪名被烧死、吊死。这是西方历史上最不文明的一页。

为什么会有女巫事件？历史学家普遍认为，那是因为黑死病与瘟疫盛行，再加上英法之间战火不熄，人们的生命不断受到威胁，却找不到可以归罪的原因。

因为没有管道发泄怒气，人们急于寻找替罪羔羊，"女巫施行邪术，才导致我们的不幸"这个说法，在当时看来十分合理。

真的很难相信，处死女巫的命令，是由教皇颁下的。当时，只要女人聪明一点，长得怪一点，行为妙一点，或仅仅因为她们惹了某个人生气，就可能被指为女巫，送上断头台，没有人会听她们辩解。

一切杀戮行为，以正义与神之名而执行。

愤怒与恐惧，竟变成一场杀人无数的传染病。

第二次世界大战中的屠杀犹太人事件，不也根源于某个人疯狂的愤怒吗？一个人的愤怒，竟然演变成人类最大的一场浩劫。

愤怒不能同公道和平共处，正如鹰不能同鸽子和平共处一样。

——普鲁斯特

爱情需要温柔相待

不管再怎么爱，

若只有单方面一直在吃亏和受气，

爱情总有一天会过劳死。

要幸福，非得改掉坏脾气不可。

我听过一个“把老公生气当狗叫”来维持婚姻的故事。

行云本是仲坚的秘书，两人刚开始并不来电，却因为近水楼台结为夫妻。

当中故事有些曲折：仲坚本来有女朋友，行云只是很单纯的女秘书，在创业初期就跟着仲坚。不料，仲坚一投入创业，就没日没夜地工作，忽略了女朋友。女朋友是千金娇娇女，常因此对仲坚发脾气，行云还负责提醒仲坚，女朋友生日到了、情人节到了，帮他代订礼物。

然而，仲坚最后还是因为女友劈腿，结束了这段感情。仲坚失恋后更加投入工作，衣、食、住、行，行云都要照料，甚至想办法帮他补足资金缺口。

直到行云在仲坚公司任职的第六年，仲坚发现他的人生已经是缺行云不可。当三十岁的行云决定接受父母的安排相亲时，仲坚淡淡说了句："这辈子，你还是跟着我比较好。"

就这样，行云点了头，得到了心中所爱，两人创业也小有成就。

很多人羡慕行云挑丈夫的眼光精准，但行云说："我也有难忍的地方。"公司略具规模之后，行云退居幕后当家庭主妇，照顾孩子。

"我其实很倒霉，仲坚在公司里是个很好的老板，同事做错事，他顶多严肃地说两句。但是他所有的脾气都会带回家里，我只要看他回家时的脸色，就知道他今天高不高兴。他不高兴时，我会问他状况，想帮他分忧，他有时愿意告诉我，有时我一句话惹他不高兴，他就马上翻脸：'你懂什么？不懂不要乱说！'有时，他会不知怎的看我不顺眼，连我在看电视，他都会冷冷杀来一句：'看那种没有营养的节目，没长进！'孩子教育问题，他也常和我意见相左，而且坚持他才是对的。他常在孩子面前对我说：'你到底有没有读过书？你大错特错！'让我听了很难过……"

仲坚骂完人后，就会去做自己的事，然后，就忘记了。行云的个性比较内向，刚结婚的那几年，一被他呛过，就暗自流泪，心里的怨气越积越多。

某次仲坚不知怎的发了大脾气，骂她没知识、没水平，让她哭了一小时。正打算离家出走时，仲坚竟从书房探出头来，笑眯眯地问她："亲爱的老婆，我们出去吃夜宵好吗？好饿喔！"

她破涕为笑，从此参悟到一个道理，仲坚是个急惊风，生气时是有口无心的，不消一刻钟，他就忘了自己为何生气。他根本没心机，发脾气时，我就当在路上被狗吠，过了就好，她学会安慰自己。

每一对能够长治久安的夫妻，都得发展出独特的相处模式，总有人雍容大度才能撑下去。

我也听过一位官夫人讲他们夫妻的相处之道。

她的先生是个很有威严的人，但她坚称，他们从未吵架。

"因为我很了解他，很会看他脸色，"她说，"如果我有事跟他商量，一定不会在他很疲惫时找他讨论。看他每天回来都那么累了，我怎么忍心拿家里的事烦他？一定会等他心情最好的时候。"

听起来这位太太一直在看脸色，活得好像很"卑微"，但在我看来，这是体贴的表现，不是平不平等的问题。老公很少不听她的，因为她总是言简意赅，从来不会逆着他的毛摸。她的要求总被接受，而且被他认定为贤内助。

我们爱一个人，就不会想要烦他、让他生气。每个人都有心情不好的时候，以我自己来说，我也很怕正忙得焦头烂额时，家里人还来找麻烦，或讨论一些鸡毛蒜皮的事情，这些都是很让人冒火的。

体贴的人，不会在别人心情不好时雪上加霜。比如，老公回家大骂老板刻薄，你不要泼他冷水，不要帮他老板说话，不要阻止他发泄情绪，反正他又不是在骂你。你要有同理心，如果不能赞同他的说法，至少也可以倾听。当然，你更不可以像个判官，听完之后对他说："在我看来，这是你的错。"

爱一个人，让他在愤怒时得到安抚，是一种服务。

一位知名的企业家夫人有句名言："我偶尔会把老公当孙子养。"虽然那位企业家看来如此聪明、如此威风，但她的说法证明了一句话：男人不管几岁，都有像小孩的时候，需要慈祥祖母般的包容。

但话说回来，坏脾气的人也要自制，不管怎么爱，若不能在爱中掌握"双赢"原则，只有单方面一直在吃亏和受气，爱情总有一天会过劳死。

坏脾气大不妙，现代男人都无法学苏格拉底，没办法在悍妻的统治下怡然自得。

现在的女人，也都有谋生能力，如果你只是把她当成受气包，她铁定会出走。

如果不想让爱情被气死，彼此的限制不要太多，要求不要太过分—

在爱情中，你全部都要赢的话，保证一定会输。

百分之九十九的男人和女人，都渴望被温柔对待，没有人希望受到长期精神虐待。要幸福，非得改掉坏脾气不可。

你可以很有个性，但是不要很有脾气。

发怒一分钟，就失去六十秒的幸福。

——爱默生

心情好，谈什么都好

有个“国际睡眠大会”发表了一个追踪调查了十年的报告说，如果老婆前一天睡不好，花太久时间才入眠，那么，第二天夫妻的摩擦就会大。有趣的是，老公的睡眠好不好，跟夫妻摩擦较无关系。在我看来，老公睡不好还是多因为上班，应该和上班情绪较有关系；而妻子与家庭的互动较频繁，较易被惹毛，然后迁怒老公和孩子。

女人睡不好，确实容易找麻烦。我自己统计过，如果前一天我睡不好，第二天比较容易推却找上门来的工作。

有句话说，莫捋虎须，某些时间点就是虎须。在别人睡不好、精神不济、很忙、很焦躁、刚跟老公或老婆吵架、家里有事发生时请他做事，那么你被拒绝的可能性是很大的。在他心情愉悦时，你比较容易得到承诺。这或许可以解释，为什么商场上谈生意都喜欢去声色场所共乐一下。

没有人是真正在声色场所签约的，但几乎大部分生意人都承认，宾主尽欢之后，合作也会比较愉快。万一有什么龃龉，也容易念在见面三分情的份儿上，不会马上翻脸。

一问自己："气什么？"

二问自己："值得吗？"

三问自己："有没有更好的方法？"

执行完，你应该已经度过"一时之怒"的最致命时刻。

接着，去执行那些比较好的方式吧！

第二章

生气也要美美的

绕过他，继续走自己的路

想象对方只是一条疯狗，
可以使你在愤怒时微笑；
在碰到宿敌时，
也可以拥有一种自在的雍容。

我再次重申，每个人都会生气。

有些怒气会有建设性的意义，有些则具有毁灭一生的可能。愤怒是一艘很难驾驭的船，但它到底是一艘船，决定载舟覆舟的人、掌舵的人，是你。

我有一个道听途说的想象法，常能有效地化解我的愤怒（如果我在愤怒时还想得起它的话），那就是“疯狗的比喻”。

弟子问得道高僧，他觉得“贪、嗔、痴”中，“嗔”字他最难克服，要如何处理自己的愤怒？

得道高僧反问弟子：如果你是一个长途跋涉的旅人，在途中遇到一只疯狗，莫名其妙地对你狂吠，你会：

一、绕过它，继续走自己的路。

二、趴下来，也对它狂吠。

相信，连小学一年级的学生都会明白，“一”才是理性的选择。

“然而，在日常生活中，我们通常选择的是什么？”

每次我在演讲时这么问，听众都会露出会心的微笑，很多人很诚实地说，没错，我们都选了“二”。

“而且，我们不但对它狂吠，还企图咬它一口，看它厉害还是我厉害，对不对？”

很多人都点头。

因为愤怒，我们会有某种报复心。

报复并不会让我们尝到任何甜头，但我们总是忍不住反击，即使这种反击损人不利己，且降低了我们自己的人格。

当你与一个人为敌，或企图报复一个人时，没错，不管你多么瞧不起那个人，你都会不自觉地把自己拉到和他一样的水平上。

在办公室里，在家庭中，甚至在拥挤的车阵里，或许就在你游山玩水的时候，我们都曾遇到过那么一只狂吠的狗。

那只疯狗，有时是陌生人，有时是你最亲爱的人。

不是每只狗的吠叫都值得响应，其实，事后冷静想想，一千只狗中大概有九百九十九只不值得回应，其中唯一值得回应的狗吠，是由你的亲人发出的。遇到亲人发出狂吠，绕道而行，冷漠处之绝非好方法，但我们并不需要以狂吠来响应它，它或许只需要你拍拍头，好好安慰或安抚它。

想象他只是一条疯狗，可以使你在愤怒时微笑；在碰到宿敌时，也可以拥有一种自在的雍容。

毕竟，没有人能控制你的脑袋，也无人可以得知你在想什么，不是吗？

> 动怒的人张开他的口，但却闭上眼睛。
>
> ——卡托

气急，必败坏

有的人不是脾气坏，只是急躁，但急躁这种性格，在工作上有时比坏脾气还要糟。

阿群在公司里负责的是行政事务，有时兼老板的司机，做事很积极，只要把事情交给他，他一定在第一时间努力、积极地去办。

但，努力办、费力办，未必会成功。他常为了办一件小事费尽九牛二虎之力，让人又好气又好笑。

比如，某天老板要他去办几件事："先到北投A公司拿一个文件，再到忠孝东路的C大楼办公室巡视一下，看我们的保全系统有没有问题，再到大直B公司送一件东西，再去景美的分店把一台机器送到天母分店。"

台北市分明没多大，这些事情，他花了一整天还做不完。

为什么呢？因为他真的照着老板交代的流程去做。先去北投（北方），再去忠孝东路（东方），再到大直（偏北方），再去景美（南方），又到天母（北方）。他走了许多重复的路，就是没有先用脑袋想一想，规划一下路线，以避免浪费这么多时间。

最有趣的是，有天他的老板跟我感叹道："阿群这个人还真让我又好气又好笑。有一次我请他十二点来接我，时间到了，他还没到，我问他到哪里去了，他跟我说：'老板，你今早要我去缴的那笔税单，我跑了好几家银行，他们都不收，所以我迟到了。’唉……那个税单上面，分明写着只有某家指定银行收款，他看也不看，只要看到银行，就进去缴，碰了两次壁他还没发现问题。而且，后来我还收到他违规停车的罚单。

“我跟他说：‘喂！上面有字，你没看吗？我早上不也告诉过你，只有某家指定银行收吗？’他还振振有词地说：‘啊！我就急着要缴，没时间看，怎么只有一家银行收啊，真过分！’唉，我真不敢叫他做事，他常把事情越做越复杂。”

阿群是个好人，脾气不差，就是急躁。有个形容词叫作“气急败坏”，气急必败坏，古人还真是明智。气急，所以没先用脑袋想，搞砸了事情，还怨别人没交代好，是急躁者的常态。这样的人，再怎么积极努力，也很难成功，谁敢把大事交给他啊？

在人含怒时千万要注意两点：第一，不可恶语伤人；第二，不可因怒而轻泄隐秘。

——培根

他不是针对你

对某一个人的行为生气前，

不妨先默念三次

“他不是针对我”这句话，

可以冲淡你对攻击的敏感度。

就算被视为是“动不动就生气”的人，也认为自己每次生气都有充分的理由。

生气的人像一只刺猬，刺猬没事不会把全身的刺竖起来，一定是因为它们认为自己受到了攻击。

人也一样，生气，是因为他认为自己受到了攻击。

有些人对攻击的敏感度不佳，比较不容易生气。

有些人对攻击的敏感度很高，动不动就生气，甚至到了杯弓蛇影的地步，他会把别人无心的一句话，都当成是刺向自己的矛。

面对若有意似无意的攻击，或让你觉得很刺耳的语言，你可以这么想：那不是针对我。

我就常常用上这句话。

如果把对攻击的敏感度分为十级的话，我应该算是第四级或第五级的那种人，既不太敏感，也不太迟钝。

曾有位事业上的合作伙伴，本来是个谦和有礼、很好相处的人，但人都是会改变的，当她的事业开始飞黄腾达，我也开始感受到来自她的语言压力。

有时我才说了一句话，她就马上堵住我的嘴："你那样说根本不通。"还用一种"你真是一个无知的笨蛋"的眼神看着我。哇！那时我好生气，从小到大从来没有人说我笨哪！

有时她会在我迅速说完后表示，"那根本不是理由"或"真正的关键在于……"这句话，暗示她的意见才是真知灼见，我说的是一派胡言。

某次开会，她当主席，听完我的陈述，她竟然连一点转折的话也没有，假装没听见我说的话似的，马上问另外一个人完全不相干的问题。

被当成空气的感觉的确不好受。

那一阵子我看到她，脸色也很难看，而且每次看到她之后，心情都很不好，却又因为合作关系，不得不看到她。

由于这种状况持续好一阵子无法改善，我甚至跟最好的朋友抱怨，我想要不惜损失，终止合作关系，只求这辈子不要看到这个人。

“她以前不是这样的……而且，她对别人都不会这样，特别故意针对我……”

“她家里好像出了点问题，只是因为她很好强，所以强压住自己的情绪。”同时认识我们两个人的一位朋友A轻描淡写地说，“难道不能用别的方式来看她的态度吗？或许……她不是针对你……是因为她自己的心情不好？”

我忽然被点通了，啊！或许“她不是针对我”？

当我换了一种想法，再次面对她时，我心情好多了。我感觉她和蔼可亲了许多，还有意无意地对我微笑呢！

没过多久，A跑来告诉我：“你们两个人真是好笑，她也觉得你每次看到她，脸色都很不好，说话也故意刺伤她，她说真的很难跟你相处下去。”

原来，我们两个人是处在恶性循环中，我觉得她对我充满恶意，所以我不自觉地也拉下脸来。我们这两个不习惯把事情说开的闷葫芦，如果没有人释放出善意，就会一辈子互相怀恨下去。

对某一个人的行为生气前，不妨先默念三次“他不是针对我”这句话。

这句话可以冲淡你对攻击的敏感度。

对攻击的敏感度太高，绝对不是一件好事。试想，如果一只刺猬一天二十四小时竖直了刺，我想你也可以预言，它过不了太久，就会寿终正寝。

千万不要活成一只剑拔弩张的刺猬，这样的人绝不长命！就算被恶毒的语言飞镖射中，既不会致命，也不会有皮肉伤，但自己气死自己，连真凶都找不到，最划不来！

动辄发怒是放纵和缺乏教养的表现。

——普鲁塔克

生气也要美美的

一问自己："气什么？"

二问自己："值得吗？"

三问自己："有没有更好的方法？"

有些人会说，我从来不生气。

但是，他的脸色也没有多好看，你可以感觉到，这个人一直很郁闷，一直不开心，只是他没有表达或发泄出来而已。

我曾经在某本书中说过一个真实故事：

某天，A 公司请了一位励志老师来上课，老师发下图画纸，请大家画“最像自己情绪的一样东西”。

自由想象，没有限制。

大家都很好奇，被公认为世界上最难搞，千年无法升职，但又一定不会辞职的A副总，到底会画什么？

结果，他画了一个非常可爱的蛋糕。

他解释说：“我觉得我像个美味的蛋糕，把所有的甜美滋味分享给别人。”

没有人相信自己的耳朵。甜美滋味？会不会是大家的味觉感受不一样？

接着他又说：“我的外皮也许没有太甜，但内里可是包着很好的馅。”

很好的馅？终于有人忍不住插嘴：“你那个馅是苦瓜口味的吧？”

没有人敢相信，A竟然以为自己是蛋糕！

人真是缺乏自知之明啊！

平心而论，A不是那种随便乱发脾气的人，只不过动不动就把脸拉下来，虽然没有直接骂人，但脸色比骂人还难看。如果他看某个人不顺眼，也很少明说，总是搞些小手段，让对方感觉他是在故意刁难。

如果他是蛋糕，应该是坏掉的蛋糕吧！有人小声说。

没错，有些人误以为自己脾气很好，其实，主观和客观有很大的差距。

我也曾遇过这样的太太：她一遇到我，怨言满腹，不断投诉。我苦口婆心地劝她放宽心，告诉她："你要让自己快乐一点，不要太在意这些事情，那么，看这世界的眼光就不一样了。"

"你不了解我，"她反驳道，"我本来就是个很开朗、很快乐的人。"

哇！你也太不了解自己了吧！你哪里快乐？你抱怨起人的时候，我闻到的是满室酸味和苦味。

压抑和发泄是难兄难弟，怒气会用很多种方法呈现，不只是攻击和发泄而已。有时，它会变成忧郁、苦闷和自残，如果你非常擅长掩饰它，它也可能让你变成一个外表温驯，但内心狂风暴雨的人，让你不自觉用表情或语言去荼毒别人。

爱批评、爱挖苦是一种愤怒，虽然你自觉话说得很文雅。冷嘲热讽也出自愤怒，睥睨的眼神一样出自愤怒。

虽然你自以为这不是生气，也很有风度，但是你的不快乐是每个人都感受得到的。

人总会生气，但请尽量生健康的气。

忧郁和怀才不遇、愤世嫉俗，可能都是怒气的另一个名字而已。

我相信，相由心生，相处稍久，你就无法掩饰你的真实心情。

健康的气

一、让你理性地了解自己的感受。

二、无辜者不会因而受伤。

三、导向正面结果。

四、增进沟通，把话说清楚。

五、具有疗愈性。

不健康的气

一、蓄意发泄对他人的攻击或自己的真实反应。

二、乱枪打鸟，连累无辜者，或自己越想越糟。

三、得到更糟的结果。

四、老是在同一件过去的事里兜圈子。

五、具有破坏性。

那些自以为脾气好的发怒者，其实是压抑的类型，他们对某些事永远难以释怀，像狗咬尾巴一样不断跟自己无法释怀的事情转圈子。他们常担不必要的心，凡事往坏处想，也许会靠食物、酒精、毒品、赌博来麻痹自己，而且渐渐地物以类聚，和同样心存怨恨的人在一起，把人生搞成恶性循环。

没有人喜欢这种后果吧？

攻击是主动型的愤怒。

忧郁是被动型的愤怒。

难搞是一种处于灰色地带的愤怒。

无论如何，不管是主动攻击还是被动发泄，愤怒都是一种消极的方式。

消极，是因为你找不到正面方法解决困境，所以只好硬碰硬—明知没有好结果还要发脾气。或者，你不敢硬碰硬，只好找个不是罪魁祸首的人软土深掘。

请试着遵循这些方法来对付你的怒气：

一、深吸一口气，试问自己："你气什么？"

二、再问自己："这样发脾气值得吗？"

三、三问自己："你要怎样才不生气？有没有比生气更好的方法？"

我相信执行完这三个步骤之后，你应该已经度过最致命的"一时之怒"的关键时刻。接着，去执行那些比较好的方式吧！有时，最好的方式就是想办法开溜。这世界上，不是每件事你都得跟它拼斗得头破血流。

百病皆生于气

在北京看电视，看到一位七十多岁的万教授接受访问，谈到长寿的秘诀。

他讲“生气”的题目，十分有趣：

“人，哪能不生气？人是感情的动物，高兴就要笑，不高兴就要哭，生起气来还要骂两句呢！一个人感情很丰富，该怎么样就怎么样，但是千万得记住：不要过度。《黄帝内经》早就讲得很清楚：‘怒伤肝，喜伤心，悲伤肺，忧思伤脾，惊恐伤肾，百病皆生于气。’说老实话，很多人，不是老死的、病死的，是气死的。当不了官，气死了；提不了教授，气死了；赚不了钱，气死了；很多老年人为很小的事，气死了……人啊，不能不生气，若一定要生气，请不要当情绪的俘虏，一定要做情绪的主人。”

达不到愿望，郁郁寡欢是生气，怀才不遇是生气，为小事抓狂也是生气。气越生越多，影响五脏六腑，当然不会长寿。

百病皆生于气，这话很有意思，发人深省。

有些事情让它随风而逝

想起伤心的事情而生气时，

请伤心得彻底一点，

然后学会止血，告诉自己：

“这只是单一事件，

我不能因为一棵坏掉的树

而放弃整片森林。”

有了网络之后，很多人都因为网络流言而困扰过。

网络上确实有很多“唯恐天下不乱”的人。一个人的人格如果有问题，他们在“看不到的地方”的表现，很可能跟“光天化日”之下大不相同。

有些人，在人前讲话文质彬彬，但在午夜时分却会扮演起匿名的攻击者，还真是什么话都说得出来。

不久前的一场水灾，有不少人罹难了，竟有人在网络上大骂该地的人，说他们死再多也不冤枉。这个家伙真的不聪明，他不晓得人肉搜索有多厉害。没多久他就被揪出来了，还是某公立大学的学生。看他低头认错的样子，你实在想不到，这样内向的年轻人，怎么会在网络上诅咒人诅咒得那么恶毒呢?

喜欢用微博、博客、脸书与网友互动的人，对于这些恐怖攻击应该都不陌生。

小韵是刚进演艺圈的新人，她说她曾因被莫名其妙地攻击，想“自杀以证清白”。她是和一大群大学生一起出道的，因为伶牙俐齿，勇于表现，所以很受欢迎。但网络上一直有人攻击她：“那个叫小韵的，长得那么丑，还龅牙，一定是因为和工作人员上床，人家才给她演出机会。”

制造这种困扰的人不少，小美也给她抹黑，说她在大学时水性杨花，中学时是太妹，抢学姐的男朋友，考试还作弊。小韵只要一上网，就常气得火冒三丈。

生气的时候如何解决?

曾有人出过这么一道题目：如果你和人家吵架，非常生气，请问接下来做什么事你比较能消气?

一、练空手道劈木板。

二、配眼镜。

三、跟别人诉苦。

实验的结果是二：做不相关的事，比较能转移怒气。

练空手道，听起来可以发泄，但也会助长你的暴戾之气。

跟别人诉苦，苦会越诉越多。刚开始讲几遍，可能还蛮有消气作用的，但若你一遍又一遍地讲，为求效果，人之常情，多少会添油加醋，结果越说觉得事情越严重，怒火也越烧越旺。

“你一定要去看人家对你的评语吗？”

“他们的批评对你那么重要吗？”

“不理会他们，你会有损失吗？”

那些谣言或攻击的目的，就是想激怒你，如果你被激怒了，不就中了他们的计？

何必让他们躲在暗处偷笑呢？

有些人，非常在乎别人说他什么，又每天上 Google 搜寻有没有人在说自己，这岂不是自找麻烦吗？

我们能力有限，没有办法封住别人的口，就像没有办法阻止路上的疯狗对我们叫一样。

但是你可以不跟野狗对叫，也不需要理会那些恶犬的远吠。

“装不知道”是信息泛滥世界里的处世智慧。

不要像巫婆一样，老是盯着水晶球，看自己在别人眼中是否完美无瑕。不管你有多好，维持别人口中的完美是不可能的。甚至，你越好，批评者、眼红者会越多。

“死狗是没人踢的！”这是至理名言。

不认识你的人的攻击，实在不需要理会。

但还有一种状况，攻击你的人竟然是很了解你的朋友。

这种情况让人既伤心又生气。

“我以前有个最好的朋友，”我以前的秘书小菊曾说，“我们念同样的小学和中学，一起上下课，还打过钩钩，说要在同一天举行婚礼。没想到，有一天竟然有人告诉我，她在背后说我坏话。她对朋友说，你们都喜欢小菊，其实你们都不了解她，她那个人很虚伪，她对你们好，只是表面而已，她常在我面前说你们的坏话。”

求证了好几个人，小菊发现，最好的朋友确实在背后攻击她。她崩溃了，好几天装病不愿上学，甚至要求妈妈帮她转学。

来自于有关系的人的攻击，十分伤人。

小菊并没有质问最好的朋友为什么这么做，两个人就渐行渐远了。朋友大概也察觉到小菊发现了什么，和她疏远，编织了更多事来攻击她。

遇到这种事，唯一的方法就是：大家坐下来，心平气和讲清楚。总要有人去当解铃人。

朋友可能嫉妒小菊，也可能是自己人格有问题，或者两人之间有误解，导致她对小菊有不好的印象。因为不好直接沟通，所以用背后攻击来消气，却让友谊撞礁破裂，不可收拾。

“那时候我还发过誓，我再也不要交朋友了。”

似曾相识的话语，常出现在失恋时，我们会告诉自己：“我不再相信爱情。”“男（女）人都是这么没良心。”

大人觉得是小事，但在青少年眼里，友谊的崩裂可是像世界末日一样的大事。

失恋也一样，对别人都是不会痛的事，只有自己感到锥心刺骨。

在人生过程中，难免遭遇到某些背叛，越亲的人背叛你，你越伤心。

帮自己止血，是一种必须学习的技能。不要加大伤口。

当你想起这件事，因而伤心时，记住，请伤心得彻底一点。然后在有节制的时间中让伤心结束。

报复，不过是扩大伤口的事情。

请告诉自己：“虽然我很难过，但我知道，这只是单一事件，我不能因为一棵坏掉的树而放弃整片森林。”

就让那些无足轻重的批评、本来就没有事实支撑的谣言，以及如浮萍般漂浮的流言，随风而逝吧！

稍忍须臾是压制恼怒的最好办法。

——柏拉图

为气找出口

有人惹你生气时，想要在第一时间就让怒气无影无踪，大概只有圣人办得到吧？一般人都得经过一段时间的消化，气才会消除。

有人消化得快，有人消化得慢。有人则反向操作，让怒气越长越大，本来只是可恶的小老鼠，慢慢变成可怕的大恐龙。

有人甚至气了一辈子。

我的亲身经验是，经过练习，你的怒气会消化得越来越快，将负面能量转成正面能量的能力也会越来越强。

我会先问自己，生这个气有用吗？如果没用，那么就要找方法让自己不生气。同时，有帮助的是：控制呼吸，先不要说话。

觉察十分重要。生气的问题何在？这个问题可否解决？怎么解决会比较好？虽要解决，但尽量不要在生气时解决，因为你可能越解决越糟。如果生气没用，忍耐是必需的，那么，我会找方法疏导一下怒气。

有时候我会把自己关起来一会儿，把手机的音乐打开，随着静心音乐起舞，摆动自己的肢体，跟着音乐学猴子跳，小声地发出吼吼吼吼的呼声。很奇妙，多跳几下，气就会消许多。

盛怒时，想太多是没用的，不要让已经受到怒气牵引的脑袋牵着你走，像牵着一头笨牛一样。

愤怒绝对不缺理由，

但鲜少有好理由。

——本杰明 · 富兰克林

让你讨厌的人永远存在

告诉自己，就算最讨厌的人消失了，

次讨厌的也会替补上来，

变成最讨厌的。

所以，最重要的是：

训练自己的人际抗压性。

“我要辞职，我真的很不快乐。”某天，我收到了一条短信。

这条短信是一位进公司没多久，但表现得相当优秀，看起来既可爱又忍受力强的员工阿金发来的。

我非常欣赏阿金，她属于任劳任怨的类型，曾为了帮公司跑腿，走太多的路，脚指甲被掀了起来，还忍痛穿着凉鞋来上班，继续奔走，真是新生代的最佳典范。

“不快乐？为什么？这是什么辞职理由。”我嘀咕着。

公司又不是游乐场，并不负责你快乐不快乐。

后来问清楚了，原来这位任劳任怨的员工不快乐的原因，是跟同事阿敏处不来。阿敏也很任劳任怨，唯一的问题就是说话很呛。

阿敏无法容忍别人批评他，只要有人对他提出建议，他的脸色就会变得很难看，马上为自己辩白，或者用一种骄傲的态度说：“那你自己来做做看啊！”

阿金一看到阿敏就很不舒服，她每天早上要很努力说服自己，才愿意来上班。

遇到讨厌的人就想开溜的人不少，他们多半个性温和，没有攻击性，却常以断尾方式来逃命。

我跟她说：“不管你到任何公司，都会遇到讨厌的人，一直逃也不是办法。阿敏又不是你的上司，你可不可以暂时不理他，或不要跟他说话？因为他的工作项目绝大部分都跟你无关。”

阿金是个“非典型草莓族”，很有能力，也愿意吃苦，但最脆弱的部位在人际关系。

我要她思考一个道理：在一个公司里，如果你去除掉最讨厌的人，那么，那个次讨厌的就会变成最讨厌的。所以，最讨厌的人永远存在。

不择手段地除掉对方，或自己逃走，都不是好办法，你不是变成一只愤怒的老虎，就是变成一只懦弱的老鼠。所以，何不换个角度这么想：

“讨厌的人也有存在的理由。”

“如果他这么不会做人，也不会有人喜欢他，那么他的人生注定失败，何劳我对付他？”

我的想法或许消极，却是多年职场经验观察来的最佳守则。

人际关系的抗压性是慢慢训练出来的。

当你有了经济压力，不得不经历经年累月的职场洗礼，你一定会变得皮坚肉厚。你要相信的是，真正讨厌的人自会找苦头吃。

仇恨他人，就如同为了驱赶老鼠，放火将自己的家焚毁。

——福斯迪克

别跟他缠斗下去

遇到“膏膏缠”的辩论高手，

生气很无聊，改变他更是不可能。

避而不答，

或许反而能让他更有反省的空间。

有的人思考逻辑真的很复杂，和你并不相同，而且一定要用他的逻辑来解读你的想法，不轻易放过你。

这样的人，用闽南语形容，叫作“膏膏缠（勾勾迪）”，我觉得这种念法的感觉，比“纠缠”两字更贴近这样的家伙。

我以前常因为某些记者的访问而生气，现在想来，最好笑的一件，应该是和某位广州记者的书信往来。

说起来，他的确是个很认真的记者，提了密密麻麻一大堆的问题；明明是做两性专访，刊登访问稿的版面也是很软性的版面，但他的问题都非常非常严肃，大概每个问题都可以写一篇社会学论文。

比如，他要我评析大陆南方沿海城市女多男少的现象，并剖析这种现象对人口政策的影响；还要我回答大陆相当红火的相亲节目《非诚勿扰》是否物化女性，问我是否同意婚姻是一项交易。

我尽力回答我所能回答的问题，答案回传给他之后，他又认真地从我的回答中找问题。“你说，爱情以互惠为原则，那岂不是把爱情当成是一种交易？一种经济利益的输送？那么，当小三值得鼓励？因为小三和包养者就是一种互惠的关系。难道你认为作家没有社会责任吗？”

我后来发现，我的脾气是和时间有关的，一过午夜十二点，我的马车就会变回南瓜。也就是说，到了半夜我最好不要跟人家讨论问题，我会越讲越火大。尤其是在又倦又累的时候，遇到有人来“膏膏缠”，硬逼我用他的逻辑思考问题，我冒火的概率就会很大。

前一晚，我回他的信回到半夜；这一晚，我在半夜打开 e-mail 才看到他的信，我火大了，回他：“先生，如果你坚持用你的逻辑来看事情，那么，请不要刊登这篇访问稿，我不希望被扣上任何帽子。”

话说回来，从专业度来说，让受访者感到不愉快的记者实在不算好记者。但多年来我碰过好几次这种似乎故意让你心情不好、在你话中鸡蛋里挑骨头，好像是来跟你开辩论赛的记者—绝大多数是菜鸟。因为，如果坚持用这种方式做传播业，保证你不会做到变老鸟。

第三天，我收到了回话。“我千辛万苦做这个访问，当然不会放弃。我是就事论事，您有什么好生气的？您说我扣您帽子，也是在扣我帽子。另外，我不是男的，您称我先生，也是乱扣我帽子。”（她的名字像男的。）

我看了简直啼笑皆非。心想，别理她就好了，干吗跟一个可能刚从大学辩论社出来的小辈生气呢！

回想前一天，我还真的挺气的，而且气得心跳加速，恨不得把她大骂一顿（其实我心里骂了“他”很多句“三字经”），才回了那封不太有风度的短信。

心平气和之后，我就知道自己很无聊，如果她真的很小人，故意把我的回信刊出，那么我还真会被认为是一个莽张飞型的作者。

这件事让我学会：

一、不在第一时间回击。再想想，或者把她的信删掉就算了，避而不答，让她的信石沉大海，她可能还比较有反省的空间。

二、不在三更半夜处理复杂的问题。十一点以后不看信件，睡觉时一定关机。

三、如果我们的脑回路真的不同，那就算了。要改变一个人的思考模式，是他的妈妈也做不到的事情，谢谢他、再联络就好了，反正以后可能永世不相见，把自己当成电脑，把那个人、那件事 delete 掉，干吗生气？

遇事冷静，自然心气平和。

——静思语

你不争会比较快乐

记住时间管理的观念：

过去的气不要生；

过往的对错不要争。

请往未来看。

玉萍是个打扮时髦、长得也靓丽的女性主管。看过她的人，都以为她的个性开朗，其实，没上班的时候，她的心情常常很不好。

“我常常半夜醒来，发现自己变成一个自己也不认识的人，非常阴郁、非常负面。只要想起我前夫对不起我的地方，我就会变成一个痛苦的狼人。”

白天时想得很开的事，晚上就想不开了。前夫不事生产又劈腿，她投资在他身上的青春完全付之东流。从孩子出生之后，前夫就几乎没有出过奶粉钱和学费。最让她越想越气的是，她的前夫被她捉奸，才同意离婚，离婚时签下了一纸声明，说每月要给孩子两万元的“教育费”，不料付了两个月后，就没了下文。

只要想起这件事，她就抓狂了：“难道孩子不是他的骨肉吗？他为什么可以不负责任？”有天半夜，她想起此事又睡不着，跑到前夫的住处去按门铃要钱。

半夜按门铃得到的待遇，只是增添痛苦回忆。门打开，她看见一个咆哮的男人，男人身后是一个睡眼惺忪、一脸不耐烦的女人。前夫有女友了，他的女友竟然还是她的知交好友小苑。

“怎么会这样？他们该不会在我还没离婚时就开始来往了吧？小苑那个女人真的是狼心狗肺，我还以为她是我最好的朋友，什么话都跟她说，她也一起帮我骂我前夫不是东西，没想到他们竟然在一起！”

为了这事，她的脑袋常常像无法停止运转的核子反应炉，整个人像要爆炸一样。

“我是不是应该带着孩子去找他，看他当着孩子的面，会不会给钱？我对他的人性真的好失望！”

我劝她万万不可，而且严词警告，除非她想在孩子心中种植最无法砍除的带刺荆棘，否则，千万不要这么做。

“你如果真的对他的人性失望，那就不要把他当人，不要再期待他，你会好过点。”我说。

“才两万耶！”她说，“光孩子学才艺的费用，我一个月就花了四万，生活费还不算，两万对他很难吗？我不缺那两万元，但他应该要付才对。”

她坚持着某种“应该”。

她该看的，不是“应该”，而是“可能”。前夫在婚姻存续过程中，未曾负过责任，离婚后更不可能。她的月薪超过十万元，两万元对她不是大数目，她要的不过是争一口气而已。

该争这口气吗？一了最好百了，从来没有在树上找到鱼的人，可不要再缘木求鱼。争口气，反而越气，又何必？

有些气，你不争比较快乐。

生气也要有时间管理的概念：过去的气不要生，过往的对错不要争。

请往未来看。

如果你一定要生气，别忘了怒气也需要时间管理。时间管理有最重要的三大要点：

一、用适当的方式发脾气。

二、在适当的时间把气发完。

三、用适当的话来表达你的生气。

当然，不容易。你若真能让你的愤怒合乎这些规范，就不会发脾气了。

“谁都会生气，没什么大不了。但如何在适当的时候，用适当的方式，对适当的对象，适当地发完脾气，可就难了。”据说，这句话是哲人亚里士多德说的呢！

学会温和地陈述

每个人都知道，倾听是一种体贴。但你是否曾感觉到，有些人说话，真的很难倾听？

“×××！我刚遇到一个很糟的人，他竟然在大街上吐痰，而且还吐在我的皮鞋上，我瞪了他一眼，他竟然骂我‘三字经’。×××！我当时真他×地想跟他干一架！”

你听得下去吗？

有些人习惯带着百分之一百二十的情绪来讲事情，让听的人不但“身临其境”，而且“如坐针毡”。他骂的虽然是别人，但难受的是你。

转述自己的怒气时，千万不要太过激动，这会让听的人很不舒服。

我曾听过一位太太骂她的老公：“他每天回家，讲话都很不客气！八句话有七句是在生气，一句是在拐弯抹角骂人！我真是倒了八辈子的霉才会嫁给他，老娘有时候真想拿碗砸他！”

她只要一提到老公，语气激动的程度，和她老公骂人时的口气相比，应该不遑多让吧！

愤怒真的会感染，跟一个愤怒的人长久一起生活，不知不觉中就学到了他的语气。学会用比较平和的语气来陈述让你生气的事情，是一种必要的修养。至少，令你生气的人不在面前，你可以稍微不那么激动吧！

战胜恼怒，比战胜劲敌更难。

——基鲁

那些不关你的事

遇到看不惯的事，

要么出面解决，

要么就随它去。

为“不关你的事”生气，只显得自己不聪明而已。

“我真的很痛苦，我不想在这家公司做下去了。”秀秀，二十五岁，一个天真可爱的上班族美少女，从学校毕业没多久，在某家大家羡慕的外资银行工作。

“老板很赏识我，薪水也比一般同学多，但是有个同事让我很受不了。”

那个同事叫小吕。小吕是个身材中等的圆脸女孩，看起来并没有太出色，但是全公司数她的人缘最好。据秀秀表示，该公司有两个男同事都对她有好感。

“我们本来感情很好，会一起吃饭、看电影，但我实在想不到她是那种女人。她先对A放电，要他每天送她回家；又主动约B去演唱会。最离谱的是，她自己有男朋友耶！她曾经对我说，她男朋友对她很好，每个月都会把一半的薪水给她。最近我又发现，她在对我们的主管，一个长得像矮冬瓜的有妇之夫放电，常挨到主管身边，请他多多指教。我觉得恶心死了，我觉得她太过分了！”

“她对你做过什么过分的事吗？”

“没有啊！”秀秀好像很讶异我为什么会这么问。

“那么你为什么要生气呢？”

“她……她很败德，我难道不该生气吗？”

“她败德，但并没有妨碍到你，她就是喜欢证明自己的魅力罢了。你看不过去，可以不要跟她做朋友，但为什么要为她的败德痛苦呢？”

是的，这不关你的事。

说来也好笑，这却是以前最容易惹我生气的事。我以前还会为“停车格”生气哩！虽然，我不开车。

记得多年前有一次，侯文咏来电台上我的节目，我在停车场等他。他说，他本来可以早到的，但是我们大楼楼下的停车场太难停了。我跑到楼下一看，哇！还真的，那应该是世界上最窄的机械式停车格之一。我看了就骂：“这真是太笨了，一栋大楼好几十亿，竟然连停车格的设计都这么外行……”

我越讲越生气，我常为了“应该专业而不专业”“怎么那么笨”而生气。

“哈哈！你到了这个年纪，竟然还生这种气。”侯文咏觉得好笑。

他一说，我有点不好意思。对喔！我又没开车，干吗为停车格生气？这栋大楼又不是我盖的，我干吗生气？我再生气，停车格也不会变大，我气什么？

没多久，我又为我家附近的停车格而生气了（虽然很早就有驾照的我，还是没有自己开车）。

有一天我回家，发现小区山坡的坡道两边，画上了白色的停车格。

一看就是错的，每个停车格画得跟车子差不多大，一点倒车的空间也没有。

本来没画还好，车主还有自制力，停得蛮整齐的；一画之后惨了，大家无所适从，反而停不了车。

已经有几个住户站在那儿，啼笑皆非地看着那些停车格。有人说：“大概是找只会骑机车的暑期工读生来画的吧？”

很多公共政策，确实是在完全没有规划的状况下执行的，如果你听广播里的听众投诉，就会发现公家机关或交通主管单位，曾做出很多让人啼笑皆非的事。

我看着那些停车格，越看越生气。“小学生都知道这很蠢，怎么主管单位会不知道呢？”

大概两个星期后，有人去反映，停车格终于重画了。那一刻我忽然反省到，我真的很无用而且无聊，我生什么气？为什么我生气，却不去反映呢？

类似让人看了生气的事很多。

比如，幼小的孩子在餐厅乱跑，我们常会气他的爸妈怎么不出面来管一管。其实，若有办法，你就出面管，要不然就不要发脾气。

又如，餐厅的服务生很不识相、态度不佳（我看过工读生拿咖啡给客人，是用“五爪功”的），如果你真不舒服，就告诉他，不要自己默默地为他的不专业而发脾气。

再如，一件事交代了三遍，该做那事的人还是忘记了，或者用一种很天真的方法去做它。（每个当主管的都应该常常生这种气吧！）

话说我还气过一些“莫须有”的事。某日，我家重新装修，由于我们家向外望的景观被新建的高楼挡住了，我决定拿一坪多的室内空间来做室内庭园。设计师把图画好，说：“嗯，在我的规划里，这里可以种韩国草，一整片绿油油的很漂亮。”

什么？晒不到太阳的韩国草？

“没有任何草坪不需要阳光。”我板着脸说。

“真的吗？”他很讶异地看着我，他真的不知道。

为了这事，我真的气了好几天，一个设计师这么不懂植物，真叫人“刮目相看”啊！是的，我无聊。他不懂应该自己负责，我干吗生气？

为别人的不聪明而生气，只显得自己更不聪明而已。

有些事情不用气

女性是感性的动物，常常没办法把“关你的事”与“不关你的事”分清楚，一遇到自己认为过分的事情，就很激情地两肋插刀。

如果他伤天害理，你该出面制止，但像小吕这样，其实没有碍着秀秀，只是两人的爱情观不同，何必生气？你气，她也不会改变。

有些事情不用气：

一、过五分钟你会忘记的事。

二、属于别人的自由的事。

三、你气了也不会改变的事。

四、他爸妈应该要负责的事。

请容我解释一下，他爸妈应该要负责的事，就是来自他基因的问题。博爱多情，可能是基因所致，你为什么要生气？他笨，也可能是遗传，你为什么要生气？

请保持你的恭敬

亲人常因一句话就引起大冲突。

沉默是上策，距离是美感，

如果你不能够做到像小李子那样，

就不要二十四小时紧跟着慈禧太后。

阿樱是我的好朋友，一位十分温良恭俭让的高中老师。

某天，我和她正在喝下午茶，接到了一通来自家中长辈的电话（对不起，因为家中长辈很容易生气，所以在此姑且隐其身份），不分青红皂白地跟我抱怨家里的事情。

这是我从小到大一直在面对的事情。我想，没有一个孩子喜欢他的爸爸骂他的妈妈，或他的妈妈骂他的祖父之类的事，因为这些事他也无力解决，护了谁，就得罪了另一个，总是左右为难。

通常，接到这种一千年我也没法解决的电话，我就会有种被电着的感觉。

“我正在开会，”我没好气地说，“我现在有事。”

但电话那头并没有停下来，而且和以前一样，只要我没有表态支持他，就会被波及。我扫到台风尾，被骂了进去。

我费了很大力气才挂掉电话，像一支刚被雷打到的避雷针，处于一种气到通电的状态。我把自己的委屈告诉阿樱，而且越说越气。

等我说完，阿樱只是轻描淡写地说：“长辈就是啰唆了点，就点头说‘是是是’就好了，你干吗跟着发那么大的脾气呢？”

我觉得自己被泼了盆冷水。

这么容易吗？

我心想，那是因为阿樱不了解我的状况，不知道我们家的事有多么难缠，她才会用这种“死道友，不死贫道”的语气对我说话。

但我心里也有另一个声音反问自己：真的是因为我脾气不好，所以无法化解家人的怒气吗？

家人间常因一句话就引起大大的冲突，因为那样的“不爽”，都是冰冻三尺，非一日之寒。

风水轮流转。

某天，阿樱打电话来："喂，有空听我说话吗？"

"唉，我妈听说我盲肠炎开刀，坚持要从南部到台北来照顾我。她已经来了三天，我躺在床上逃不掉，都快要发疯了。你知道吗？她什么都念，还总是念：因为我爱吃冰所以得盲肠炎，因为我爱吃冰所以生不出孩子来，让她对我夫家不好意思，很没面子。她这是哪壶不开提哪壶，我也很努力在生孩子啊！生不出来有什么办法？今天早上我顶了她一句话，她就痛哭失声。拜托你，来我家陪我一下，改善一下气氛，我没办法和她继续面面相对。"

我在心里偷笑，哈，家家都有一本难念的经啊！

你以为"点头称是"就可以应付了吗？

他（她）就不会得寸进尺了吗？你以为假装没听见容易吗？

亲人最容易影响你的心情。我在很多年后才找到基本的因应方法：

一、承认年纪比你大很多的人，个性是比你更难变了，不要想改变他（她），最好也别跟他（她）顶嘴，以免惹起更大风波。

二、切断过去的情绪牵连，深呼吸，不要让自己的情绪起连锁引爆反应。

为什么我们对自己的父母兄弟的话特别敏感？因为会勾起某些旧恨。只要曾经生活在一起，谁都有对不起谁的地方。那句话看来只是冰山一角，却有比它巨大十倍的东西藏在冰山底下。

三、如果他（她）喋喋不休，请在你快被引爆前找机会温和地脱离现场。或者，把话筒拿得离耳朵远一点，过三分钟再回来听，少听一点，少气一些。

四、沉默仍是上策。如果嘴巴够甜，就说几句“你最好了”“如果不是你，这个家早就毁了”。但如果是妈妈对你抱怨爸爸，你切记不要跟着批评爸爸，以免妈妈为了壮声势，去跟你爸说你是站在她那边的，还说了你爸坏话……等他们和好了，你就里外不是人了。

五、说真的，虽是至亲，有的也真的是话不投机半句多。请保持你的恭敬，但有时适度的距离会让我们更有思念的空间。如果你不能够做到小李子那样，就不要二十四小时紧跟着慈禧太后。

清官难断家务事，在我看来，最会引起难以抑制怒火的都是家务事。报纸社会版上有许多家人自相残杀的新闻，引起杀机的常常只是一句话（这是极端特例，但我还是要提醒你）。只要你能在面对家中陈年旧恨时，让自己在愤怒燃起前抽身，你必然是个做什么事都可以成功的人。

面对问题，人生会比较宽广

每种怒气都是一个分歧点，

前头有生气或不生气两条路。

大部分时候，你选择不要生气、面对问题，

就会有一条比较宽广的路。

“不好意思，我必须离职了。”某天，节目的企制小芳脸色黯淡地对我说。

她因为某些因素离职，也立刻找到薪水更高的工作，我当然要替她高兴。

但对我来说，这真不是个好消息。小芳是个老手，什么状况都碰过，

EQ 也很高，只要有她在，我并不需要为节目费太多心思。

做广播节目已经十年了，我深知挂着节目“企划制作”头衔的人良莠不齐，能干的，可以让主持人很省力，也会让节目加分；如果遇上天兵，那主持人就会像老牛拖车。

“我很担心谁接我的工作，”小芳向来是个负责任的人，“听说，公司派了一个新手，大学才刚毕业，我担心她会出状况。”

对于人事，主持人并没有决定权。果然，一位“菜鸟”助理接替了她的工作，这也是小玲第一次独挑大梁的工作。

小芳离职前，把小玲带在身边实习了好些天，教她如何操作录音用的电脑。我听见她告诉小玲：“最重要的一件事，就是不要把录好的音洗掉，因为我们是赔不了的。”

临走前，她还对我说：“如果你不放心，要不要要求公司把熟手派给你？用新手真的有点危险，我觉得她还需要实习一阵子。”

我想，那时我们都隐隐有着奇妙的不祥预感。

小玲是个笑容可掬的女孩，个性也很稳重，给人的第一印象很好。我想，谁都有当菜鸟的时候，新人来会有新气象，应该要让她试试看。

不到两个礼拜，不祥的预感就应验了。

我因为隔周要离台，没有办法做现场，在某天早上预录了两集。

这两集的来宾，一位是台湾非常忙碌的名医，还有一位是刚好回台的知名人士。

两个人都在我们的殷切邀请下，同意来上节目。

录完两集节目后，接下来我要到摄影棚录影，中间有一个小时的空当，我决定到一家我很喜欢的日本料理店打个牙祭，慰劳自己。我叫了一盘综合握寿司，等待的时候，小玲打电话来，她的声音在颤抖：“淡如姐，对不起，录音档被我洗掉了。”

“什么！”

我的脑袋一片空白，我就要离台了，这天早上，是挤出来的空当，两位来宾，也是好不容易才邀请到的，他们的时间都很宝贵，就算不因此发怒，也未必有时间重录。

她又说了一次。“没有补救的可能吗？”我问。

“我试过各种方法了。不好意思，早上那间录音室的操作方法我不熟，所以……”她的声音已是哭腔。

我也好想哭。

我其实是个个性很急躁的人，早几年，电脑还不太稳定时，曾有一两次，我好不容易打好的稿子被“吃”掉了，我还曾气得“打”电脑。

“那你打算怎么办？”我按捺住心头一把火。

就在这个时候，很奇妙地，一“把”水泼到我的脸上。

我抬头一看，日本料理师傅自己也吓了一跳，立刻嬉皮笑脸（在我看来是这样的，总之他没有认为很严重）地对我说：“啊！不好意思。”

“没关系……”其实我很生气，但我自知是个公众人物，不好在公众场合发脾气。

我定睛看看自己坐的吧台和他的料理台 ，天哪！至少相隔了两米，洗米桶的水柱竟然可以溅到我的脸上，这……这……这是上天遣来帮我灭火的吗？

福无双至，祸不单行，我心里苦笑着。

“我们可不可以重录？我已经跟你的秘书敲定了时间……”小玲在电话那头怯生生地说。

我自行拿毛巾擦干脸上的水珠。唉！一个人在犯了错后马上进行补救，应该算是有救，那把水是在提醒我原谅她吧？

“请打电话给来宾，跟他们郑重道歉，问他们愿意来重录吗。而且，我们要再补一次车马费。”

“好的，没问题。我马上去问。”她说。

来宾千辛万苦找时间来录音，如果最后没有播出，又没有告知，他们一定会很生气，这种事当然不能隐瞒。

虽然，请这两位大忙人再来一次，他们也可能不太高兴。

运气不错，两位又都拨了时间来录音，我也跟他们哈腰道歉（虽然我也是受害者）。

医师无奈地笑道：“啊，就遇到了，也只好重来啊！”回台博士是基督徒，EQ 也很高：“上天应该想让我们两个人多聊几次吧！”

我并没有将这件事往上报告，因为我觉得，年轻人总有犯错的权利

（当然，如果同样的事发生第二次，我就不保证自己不会生气了）。

小玲却自己向上级报告失误，请求处分。但上级看我没反应，也就没有深究。

这件事过了两年。

我的广播节目收听率比两年前好得多。小玲是个非常尽责的企制，也已经变成一只熟练的“老鸟”了，哪间录音室都难不倒她。

而且，我认为她比我碰过的许多老鸟更优秀，因为她是新人，没有包袱，很愿意多花点力气和我一起尝试新形式的访问，并主动开发新的受访者。不会只是坐在办公室里，等着出版社或其他部门送“推荐名单”过来。

两年前的重录事件，成了我们合作关系的坚实基础，我知道她有危机处理的能力，她也发现我不是一个心胸狭窄的人。后来，小玲变成我的得力助手，于公于私，都帮了我许多忙。

而我自己的修养，在这个乌龙事件后，已经“更上一层楼”。

只要能够冷静一点，去静观那些让你愤怒的事件背后的意义，常会发现，怒气是一张藏宝图，就是我们小时候用长条纸张画好路线，再从尾端往前卷成纸卷的藏宝图。每种怒气都是一个分歧点，前头有两条路，你可以选择生气或不生气，各自会到达不同的地方，造成不同的结果。

大部分时候，你选择不要生气、面对问题，就会有一条比较宽广的路。

食物与怒气

一行禅师在《你可以不生气》一书中表示，食物在怒气中扮演关键性的角色，对肉食者来说，如果你吃进去的动物在垂死时是愤怒的，那个愤怒就从你的嘴进入你的身体。

我拿自己做过试验，的确，吃了油炸物和不健康食物之后，我会比较容易生气，像进攻力强的肉食性动物。

吃素，确实有清心寡欲的效果，比较容易看淡世间事。由于每天都吃素，脾气自然而然变得较像"草食动物"。

当然，要大多数的人因此而吃素，实在有困难。我也办不到，顶多尽量吃得不油腻。

饮酒对脾气有更大的影响。

有些人喝了酒就想睡、想笑，这算酒品很好。

有些人则是喝了就会闹事。我相信这些酒后闹事的人，都是"半醉半清醒"，心中有气未消，不敢在清醒的时候表现出来，只好借一点酒精麻醉自己，好发泄一下。

清醒后他们可以说："啊！不好意思，我不记得了。"这些酒后会闹事或乱说话的人，是最需要做心理疏导的人。

我们为什么不学会在清醒时解决问题？

如果某个人让你不爽，你应该对他说："请不要这样，我会很难过。”或“不好意思，你可不可以不要再这么做，这样做很伤人。”

我们怕冲突，所以不敢说，因此只能选择酒后，制造更大的冲突。

> 学点头，学低头，不要学拳头。
>
> ——静思语

不要找自己麻烦

当你不高兴时，
请不要急着惩罚自己，找自己麻烦，
你要学会扮演一个温柔的父母，
跟自己对话，善待自己。

我曾在某风景区餐厅吃早餐时，目睹一对男女朋友吵架。

“你怎么了？干吗一大早就不高兴？我哪里得罪你了？”女人说。

“你没得罪我，我就是不想讲话。”男人的脸色很不好。

“又来了，大家一起出来玩，你不要翻脸像翻书好不好？这样会弄得大家不愉快……你为什么不开心一点？出来玩不开心不是很浪费钱吗？”

“你不要再说了好不好，我难道没有不高兴的权利吗？对，我在生气，对自己生气，不是在对任何人生气！这样可以了吗？”

男人忽然像着了火一样，大力抓自己的头发，好像要把自己的头发扯掉似的。

我暗暗替这个女生担心，她的男友已经显现出暴力的倾向，他虽然没打别人，却会打自己，虐人和自虐都是暴力，看得人胆战心惊。

世上没有比对自己生气更划不来的事情。

你找自己麻烦，把自己弄得很苦，还在周遭创造恐怖的低气压，人生陷入恶性循环，没有人得到好处。

我看过很多会自虐的人，有一个共同点：因为不知怎么宣泄怒气或表达不满，只好找自己麻烦。

有好几位女明星，有的外表平和温婉，有的看来个性还很开朗，相当有人缘的样子，但手腕上却有好几道割痕。

“想不开时，我就不自觉想这么做。”其中一位说。

表面上，她很爱自己，会买名牌送给自己，也偏爱享乐，但在感情不顺心或日子过得不舒坦时，她就会找自己出气，而且逐渐变成一种习惯。这样的人，骨子里并不喜欢自己，而且很可能最讨厌的人就是自己。

她们在感情上就算一时遇到白马王子，到头来也会搞砸。

如果你不喜欢自己，再爱你的人也终究会跟你一样，无法跟你的真实自我相处。

许多心理学的书都会分析，这样的个性来自原生家庭。我不想谈任何学术上的研究，只谈我看过的例子。

我认识一位非常优秀的女性，表面上看起来热情达观，但她告诉我，她人生中最困难的事情就是睡觉。

她已经很久很久睡不着了——如果没有借助药物的话。

她睡不着，是因为她的家庭有问题。三年前，她的先生带着两个女儿住到海外去了。

表面看来，是两人协议的美好结果：由她负责在台湾赚钱，先生负责照顾孩子。两个女儿很优秀，到美国深造，总要有人跟着去嘛。

但她承认，虽然她常常想念孩子，但没跟他们住在一起的时候，她的日子反而比较轻松。

“他们应该也是吧！”她很无奈地说，“在老公眼中，我是一个情绪无常的老婆；在女儿眼中，我是个脾气很坏的妈妈。我知道，我很嫌弃老公，从他做生意失败后，我就再也不能和他同床；我也会用刻薄的话纠正女儿的言行，和硬脾气的两姐妹搞得关系紧张。”

她忽然哭了：“但无论如何，是我在负担他们的生活。今年的生日，我一个人过，他们竟然没有一个人记得对我说‘生日快乐’，我真的那么失败吗？”

接着，她说：“我也想和他们好好相处，但就是控制不了自己的脾气。说真的，我不喜欢我自己，我恨自己。”

啊？她那么优秀，她恨自己？

她把她的故事说给我听。她的母亲在生下她之后，带着她离开不负责任的父亲，改嫁了，和后来的先生又生了三个孩子。

她像灰姑娘一样，在家里要做所有的家事，好事从来轮不到她。妈妈甚至会对别人说，她不是自己生的，是从路边捡来的。

妈妈一发脾气就毒打她。连她生了病，也认为她是故意装病，还打她一顿，从来没有带她看过医生。

虽然，妈妈的晚年必须靠她奉养，她也比其他的弟弟妹妹成功，但在妈妈心里，她还是比不上其他同母异父的弟妹。

恨自己，真是人生中最大的问题。她说，因为恨自己，觉得自己不配过好日子，所以她会自己找自己麻烦。她知道这是病，但她控制不了。

在我看来，自卑的问题比自恋大得多，而恨自己是最严重的一件事。

我常看到一些小时候没有被好好对待的孩子，归纳起来大致有几种情况：如果他的父母常否定他，他就会否定自己；如果他的父母很暴烈、喜怒无常，他长大后也很难控制自己的情绪。

学习爱自己是一大课题，如果你没有好父母，在长大后，你得当自

己的父母，善待自己。

身为父母，如果你不想养出一个终生恨自己的孩子，请你一定要让他感觉，你喜欢他。如果你不喜欢自己，别期待任何专家能替你解决问题。

我曾经也是个很阴郁的孩子。我记得念小学的时候，每次不满长辈“教导”时，我就会躲起来拔自己的头发，然后一撮一撮地收集起来。我一边拔一边自怜，虽然躲起来，但还满期待有人发现我的苦楚，算来这应该是发泄怒气的某种方式吧！

后来看到一些谈论儿童心理的书，才知道那叫“拔毛症”，当时年幼的我，应该有些精神问题。

被处罚时，我在脑海里一遍一遍地演练从楼上跳下去的镜头。还好当时我家只有两层楼，而我也没真的想这么做。

不过，除了我自己，并没有人发现我有拔毛症，那些可怜的头发与毛囊，是白白牺牲了。

当你不高兴时，请不要急着惩罚自己，找自己麻烦，你要学会扮演一个温柔的父母，跟自己对话：“孩子，你怎么啦？现在要怎么做，你才会让自己开心起来？”

不要压抑自己的情绪，但也不要引爆自己的情绪，这是我的方法。

我们长大了，有权利不让幼年的情绪余毒继续荼毒自己。所谓来自父母的阴影，你也要学会，让它们越来越淡，不要让不愉快的记忆继续主宰自己的人生。

跟自己打架，你打赢也等于是打输了。

难怪每个人都知道，你最大的敌人就是自己，因为你永远不会赢啊！

找到不会和别人发生冲突，

以及不会累积愤怒的方法，

为自己创造一个心情舒坦的生活环境。

第三章

你的选择就是你的命运

你的选择就是你的命运

像周文王一样“一怒安天下”，
或者自我检讨，奋发图强，
变成一个不一样的人。

人都会生气——本书一定会一直强调这句话。

但是，如果你一直在生气，那必然是因为你不会解决问题。

生气当然有正面的效果，像孟子说的“文王一怒安天下”，因为看不过去了，生气了，所以替天下苍生请命，决定要推翻暴政。

孙中山先生先后发动了十一次革命，也是“一怒安天下”，他也有许多看不过去的地方，所以决心起义推翻清政府。如果他的怒气不够强，没有强到让他起身行动的话，也只不过像现在许多坐在咖啡厅里、榕树下，或一边看电视一边骂世道的家伙而已。

然而，生气大部分的效果是负面的，我们常因为生气，做很多冲动的事情。其中最著名的杀手是一时之怒。

每天打开报纸，你会发现，几乎所有的凶杀案，都跟一时之怒有关。类似事件之频繁真是惨不忍睹：一个当老师的母亲，因为跟先生吵架想不开，趁先生不在家时溺死两个幼儿后自杀；一个年轻妈妈，因为和婆婆及自己的妈妈都处不来，带着幼女寻短见，留下遗书指责“因为你们都不支持我”。

以上举的都是女性的例子，男人因一时之怒闯下大祸者更多。只是女人偏向自虐或对比自己更弱小的人下手，力道十足的男人则以暴力带来自己也无法承受的结果。

他们在决定做出最绝的事情时，心里在想什么？

当然，那时他们心里应该都是充满怒气的，心里想的多半是：“哼！你想不到我会做出这种事吧！我要让你后悔。”

有时，我们也会看到一些很冤枉的新闻事件：一个男人嫌邻居太吵，下楼说了两句，结果被喝醉酒的邻居打死了。一群青少年夜游，其中一名觉得有人瞪了他一眼，心里很不爽快，于是伙同一群精力无处发泄的同伴去寻仇。打死了人，被抓到警察局后，一群人才茫然地互看，仿佛在问："啊！为什么我们要这么做？"

生气，常有让我们忽然"变身"为狼人或复仇女王的效果。

请回过头想想，如果你的怒气总是造成"负面效果"，那么，必然是因为你不会解决问题，你没有善用愤怒的正面力量，老是被愤怒牵着鼻子走。

生气的负面力量包括：报复、抱怨、沮丧、自暴自弃、迁怒；而正面力量有：自我检讨、寻求解决之道、奋发图强。

试着看这个问题。如果你是一个男生，一直对一个女生很好，而那个女生也一直接受你的好意，还对你任意呼来唤去，让你理所当然地认为她对你有意思。然而，某一天你却看到她和另外一个男生在一起，你问她，她竟然大方地介绍，那是她男朋友。她男朋友念的学校比你好，人也比你帅，她从来只把你当成普通朋友。我想，你一定会有失恋的感觉，你一定会生气。

以上是一位优秀青年倒霉的恋爱故事。

这件事，他当然很生气。

负面的做法，就是去讨公道，去散播那个女生水性杨花的耳语。

这样的做法，只证明她不选你是对的，因为你真的很卑鄙。

我听到的结局是，这男生选择了化悲愤为力量。虽然他家里困苦、念的学校也不太好，但他发誓，哼！有一天我要让你看到，我真的比你的选择强。

他从不怎么样的高职，念到了最高学府的博士。

有些人，感觉自己被侮辱了，就去报复，去杀人放火泄恨。少数人，利用悲愤的力量，让自己变成与原先不一样的人。

愤怒可以是一把梯子，让你上天堂，也让你下地狱。上天堂较难走，要一步一步踩着刀梯往上爬；下地狱是电梯，你高兴下到地下几层，一按键就可以。

你选哪一个？

你的选择就是你的命运。

不动气才有出息

话说秦王吞并天下的战鼓越敲越急，心急如焚的燕太子丹想到了一个计策，明招打不赢，就用暗招吧！他想找一位勇士去行刺秦王（以下内容见司马贞《史记索隐》，不是正史）。

他先请教燕国的老勇士田光："我手下的勇士谁可以担当大任？"

田光把燕太子丹手下的三名勇将批评了一顿，说："你手下的那三个勇士，一个一生气脸色就变红，另一个一生气就发青，还有一个一生气就发白，若去行刺，都会被识破，不能担大任。在我看来，只有一位叫荆轲的，他再怎么生气，脸色都没有改变，只有他可以。"

于是，燕太子丹找来荆轲，奉若上宾，给他豪宅、美食、美人，还每天登门拜访。

某一天，燕太子丹看到荆轲拿瓦片在丢池子里的乌龟，他不惜把瓦片换成了金丸，让荆轲投得更畅快些；两人出游共乘千里马，荆轲说了一句，嗯，千里马的肝好，燕太子丹竟然派人把千里马杀了，把肝献给荆轲；最可怕的是，他请荆轲一起喝酒，请美人在一旁奏乐，荆轲赞了一声"手好"（应该是琴艺不错的意思），燕太子丹就让人把美人的手砍了，放在玉盘上，给荆轲当礼物。

我不知道荆轲是否喜欢这些血淋淋的礼物，但在我看来，荆轲并不是太甘愿去刺秦王，因为他让太子丹养了一年多，急得要命的太子丹一直等待他自愿请缨，他却一点动静也没有，最后是被三催四请才上路的。

燕太子为什么“不择手段”地对荆轲这么好呢？其实，这些昂贵的礼物，都是用来买荆轲一条命。行刺秦王，不管成功与否，都是死路一条。太子丹想办法讨好荆轲，以期他知恩图报。

但这样的讨好也太不解风情，而且误会大了。人家荆轲要的应该是美人，你砍下手给他，对他有什么好处？难道可以炖汤进补吗？我也不相信，荆轲喜欢吃千里马的肝。平白死了那匹马和那个美人，荆轲脸上应该常出现六条线，被搞得莫名其妙吧！难怪他迟迟不肯去卖命。

由此看来，燕太子丹也太鲁莽了，不是能够拯救天下苍生的聪明人。

但凡不择手段讨好你的，最后向你索讨的东西总比你想象中更多，这是人性里血淋淋的现实。

在这里我要为脾气很直的人说点好话。

有些朋友，个性很直，说话很辣，脾气来得快去得快，但却是性情中人，他不会害你。

有些人从不对你发脾气，即使你做得很过分，因为，他对你另有所图。

脾气暴躁是人类较为卑劣的天性之一，人一发脾气，等于在进化的阶梯上倒退了一步。

——达尔文

最高明的反击

用温柔有力的方法，

把对他恶意的攻击，化为最有力的盾牌，

让特意飞向自己的矛，

转向飞回展开攻击的那个人。

阶级观念，每个时代、每个国家都有，只是或明或暗而已。

林肯以鞋匠之子的出身当选总统，让许多自认为出身上流社会的参议员感到羞辱。某次，他前往参议院演说，开讲前一位议员站起身来呛声："林肯先生，不管你要说什么，我希望你记住，你只是一个鞋匠的儿子。"

席中，有人笑了。

很多人脾气不错，容忍度也很大，但绝大多数人都不能忍耐别人侮辱自己的上一代。

其他参议员静待好戏上演，但林肯并没有不高兴的表情，反而落落大方地说："谢谢你提起我的父亲，我会记得你的忠告，我永远是鞋匠的儿子。我也知道，我当总统永远无法像我父亲做鞋做得那么好。"

这是一个流传许久的小故事，足以让人佩服林肯的机智与度量。

林肯是一个非常有度量、非常能忍耐挫折的人。少年时的他只上过一年多学校，做过乡村邮差、劈木材学徒等工作，如果不是因为他有坚忍不拔、不动如山，又知其不可为而为之的个性，他不会成为美国历史上最伟大的总统。

如果你像林肯一样，连对自己出身的攻击都可以四两拨千斤，反败为胜，你大概也有当伟人的资质。

问题在于，林肯内心里应该是这么认为的：你充满优越感地攻击我的出身，你应该为自己的粗鲁感到可耻，该觉得丢脸的不是我。

林肯用的是非常温柔有力的方法。虽然明白对方带着恶意鄙视他，但他坦然接受了鞋匠之子这个事实，并且把本来对他不利的出身，化为最有力的盾牌，让那支特意飞向自己的矛，立刻转向飞回展开攻击的那个人。

面对蓄意的攻击，你可以对自己说："他的攻击只表示他自己素质不够。"（这样的话若说出口，保证引来更大的冲突，但你在心里讲一百遍，也不会有人听见。）

一个习惯鄙视别人的人，本身一定有非常自卑的地方，才会在口头上用他自认为很强的部分，来跟别人比较。

对于自身修养有问题、观念有偏差的人，你大可不必理会，面红耳赤地想辩到赢，很难不越辩越动怒，其实一点用也没有。

我曾经写过一个故事：大学毕业后，我运气不差，进入一家当时算是很不错的报社，老板立刻就委我以重任，让我编辑重要的版面。

一位和我资历差不多的新员工阿香，则担任数据管理员。

某天我进数据室找数据（当时还没有 Google），我问在资料室闲着没事的阿香，某个名人的资料放在哪里。

她指着最高一层的资料架说："在那儿啊！看来要找到数据，眼睛还要大点才行。"

她在笑我眼睛小吗？我的眼睛确实不大，和她比起来，应该只有一半吧！她真的是有一双巨大的金鱼眼喔！

"喔，放得好高。"我跟她借椅子。她冷笑道："看来要找到数据，还得长高点才行。"

我猜，她应该是在笑我矮。

拿到资料后，我下了椅子，很从容地跟她说："还好，智商并不和眼睛大小及身高成正比。"

我心里还有更毒的一句话没讲出来："看来，你若想走出资料室，智商得高点才行。”

当时我觉得自己打赢了这场辩论赛。不过，现在想想，少年的我真是盛气凌人啊！

伶牙俐齿对我在职场上并没有帮助，过去的我常因为口快而得罪人。还好，后来我和阿香并没有因此反目成仇。慢慢混熟之后，我才知道，阿香刚开始看我不太爱笑，就认定我很骄傲，所以才出言攻击我。说穿了，大家误会一场。她也宽宏大量，并没有太计较我反击中很恶毒的嘲笑。

正面攻击你的人，最大的目的，就是要你生气，要你暴跳如雷。聪明的你，最好别中计，不中计就赢了。

预防胜于治疗

找到不会和别人发生冲突

以及不会累积愤怒的方法，

为自己创造一个心情舒坦的生活环境。

阿明与阿春吵架了。只因阿春低头吃饭时，阿明说了一句很不长眼的话：“你都快变成三下巴了，还一口接一口。”

阿春瞪了阿明一眼。

“我说的可是实话。”阿明竟还意犹未尽地补上这一句。

“你敢说我？如果不是你们，我会变胖吗？”

“咦……这句话好像没什么逻辑喔！变胖和我有什么关系？”

“我是为你生孩子之后才变胖的。”阿春说。

“你也扯太远了，孩子都出生七八年了，”阿明说，“你根本就比生孩子之后胖得多。”

“那是因为你们都不把东西吃完，害我必须通通吃掉。”

“没有人规定你把东西吃掉，是你自己爱吃。”阿明说。

“我哪里爱吃，我是不想浪费。”

“那你可以不要煮那么多啊！”阿明说，“你可以把菜煮得很精致，不要只是以量多取胜。如果菜好吃，我们当然会吃光光。”

这话里头暗含的批评，使阿春心里很不舒服。“我的菜哪里难吃？你怎么不嫌你妈煮的菜难吃？我煮的菜比你妈煮的好吃多了。”阿春想起每次回乡下看婆婆，婆婆煮的菜都像给猪吃的一样，里头什么东西都有，而阿明却三令五申，要全家假装菜很好吃，阿春想起来就呕。明知阿明是个孝子，听到这样的话一定会生气，但她就是忍不下这口气。

“你干吗牵扯到我妈？莫名其妙。”阿明果然翻脸了。

“我说的也是实话，你可以说实话，我就不能说实话吗？”阿春说。

“你真是……”此时，阿明恼羞成怒，看看冷笑的阿春，嘴角还有残留的油光，一副得理不饶人的样子，他也忍不住了，“你真是面目可憎！”

这句话像一支箭，射中阿春心坎，把阿春这只无助的动物牢牢钉死。就像没有男人能够忍耐女人批评自己的母亲一样，也没有女人能够忍耐丈夫憎恶自己的外表，阿春把碗盘全扫到地上，失声痛哭。

两人的婚姻从来没有大问题，却常常大吵架。

后来，还是靠约法三章，才挽救了因为爱抬杠而濒临破裂的婚姻。

两人之间的纷争，都是由说实话引起，所以往后阿明想讲实话时，学会把话吞下去；阿春想批评阿明家人时，在心里默念就好。

不管是不是实话，只要是负面的话，都会引发战争。负面的实话比气话还糟，后者，还可以假装是一时冲动口不择言，前者大家心知肚明，所以罪证确凿，很难翻案。

如果你觉得抬杠和讲实话是一种生活乐趣的话，那么你的度量一定要好，也要有“即使听了不顺耳的话，但如果那是真的，我会自我反省”的精神。

不过，据我统计，有这种修养的人只有百分之一，大部分的人，都受不了别人说他的缺点。

我认识一对夫妇，在教会中是令人称羡的一对夫妻。

上完成长课的某天晚上，老公在睡前要求老婆一起来自我反省，要求老婆先说他三个优点，再说他三个缺点。他也一样。

“你的三个优点是漂亮、身材好、爱小孩。”老公这么讲，老婆很开心。

“那换我说啰。你很负责任、待人很客气、很孝顺也很帅。”

老公多得到一个优点，喜形于色。

“那缺点呢？你先讲。”

“缺点……只能讲三个吗？”老婆问。

老公以为她只是开玩笑：“你要认真讲喔！不是开玩笑的。”

“嗯，第一个缺点是你真的很啰唆，第二个缺点是你有点小气……”

她还没讲完，老公立刻转过头去：“算了，不要讲了，睡吧！”

“咦，你不是说今晚要来自我反省吗？”

老公好像真的变脸了，老婆真是不解啊！

优点听起来就像优美的旋律，缺点就像其中出错的音符一样刺耳。

“就算我问你，你也不用说真话，就说我没有缺点就行了啊！”

老婆是个实在的人：“可是你真的有很多缺点啊！”

老公气得当晚睡不着觉。心想，我怎么会娶到这么不识相的老婆呢？

其实，人的本性，都只想要听优点而已。缺点他自己不是不知道，只是通常觉得不严重，从别人嘴里听到就刺耳了。

千万别中计。

日本知名剧作家桥田寿贺子写了一本畅销书《夫妇的觉悟》，她举自己为例，十分有趣。桥田女士很有名，收入比先生多得多，她坦言老公很啰唆，也有严重的大男子主义（她现年八十多岁，那个年代的日本男人没有大男子主义才怪），但婚姻生活还是很如意。她说：“两个人在一起生活时，无论如何我会将丈夫摆在第一位，也会不断说出感谢他的话。”

不管她多成功，还是学会归功“丈夫”。

“没事捧丈夫，已经变成我的习惯做法。

“因为，如果我没有恭敬聆听，结果会是大吵架收场。吵过架后会充满不愉快的气氛，引起精神上的骚动，我就无法动笔写剧本。因此，我对他的回答总是：是，是，是！绝对不拂逆他的意见。

“听起来有点要诈，与其说是因为我很爱他，其实是想借此为自己创造一个心情舒坦的生活环境而已。”

一对夫妻想要百年好合，确实不能完全没有“要诈讨好”的成分。他们之中必须有人寻找“不会冲突”和不会累积愤怒的方法。

想想看一年后，这件事将多么微不足道。

——约翰生

解决问题比生气有用

因为解决问题比生气容易，

往前走，

也永远比在原地踏步有趣！

我与朋友在风景区投资了一家咖啡厅。

那是一家有无敌湖景的餐厅。有趣的是，在我买下它之前，它是荒废了二十八年的废墟，一整排房子，只有一间有人住，其他的房子都淹没在野生的草丛中，被当地人戏称为“鬼屋”。二十八年光阴虚度，我看到它时，它还是一间未经整修的毛坯屋。据说，几年前还有一个地方恶霸圈地为王，当地居民要到湖边，还要收取门票。由于那个地方恶霸还是个民意代表，没人敢拿他怎样，美丽的湖也就变得人迹罕至。还好台湾还是有王法的，后来恶霸因为身上案件累累被通缉，逃到海外去了，这里才逐渐恢复生机。

但因湖畔都是废墟，所以观光客来此，也只能绕个十分钟就走，没有任何可以歇息的落脚处。

我买下那块地，擅长投资经营的朋友开咖啡厅，没想到一开始生意就不错，引来了一些想象不到的风波。

由于大家都知道那块地是我买的，所以，只有两成的麻烦找上经营者，八成都找到我头上来。

风景很美，在媒体报道下游人如织，不久，黑函就络绎于途。宜兰各相关或不相关的单位，不断地接到各式各样的投诉黑函，有承办人员好心来问我："是不是在买房子时和别人有纠纷？"我一头雾水。

黑函甚至写到了《数字周刊》和《水果日报》，我想，如果不以我为标靶，不容易引起记者注意吧！

黑函的内容很丰富，有说我的房子是违建（我买的是建地，也并没有在原址加盖任何建筑物）；有说杯子上有口红印；有说"南瓜里脊"里头不是里脊肉是五花肉；有说二百元的餐太贵，又没开发票（已有电子发票，别闹啦）……

还有几个欧巴桑，几次选在人最多时到餐厅，说咖啡不热，东西不好，每次来都要求退费。

我的朋友来餐厅找我，碰到有人等在路边，逢游客就说上面那些谣言。

朋友以为我会生气，其实我只是觉得好笑而已。

黑函的动机，多半是嫉妒；黑函的目的，当然是把别人拉下来，但这种做法其实相当不明智。

职场上，如果你实力不足，就算把别人拉下来了，下一个上去的也不会是你。

写黑函者多半心存怨毒，不会快乐，活得像阴湿洞内的老鼠，到头来亏最多的，是自己的时间和人生。

人生是一场赛局，共存共荣才能长久获利，耍小手段只能让自己一时暗自得意，却无益于长期优势。与其花力气写黑函，不如花力气改善自己。

有趣的是，后来黑函竟然消失了。

在我们遇到的麻烦中，最让人感到困扰的是公家一位很凶的临时雇员，他采取的方法是骚扰式的。

只要找到一个小问题，他就会在客人最多的时候跑到店门口，大声叫："你们是违建！你们违规，我要报警！"

餐厅有三位员工骑机车来上班，明明停车场的机车格还很多，他就偏不让他们停，在还不到二十岁的女工读生后头噼里啪啦大骂，员工都怕得要死。

我觉得这个人很令人头痛，还请店长对他好一点，跟他聊聊，他全都给白眼看。

又常有《数字周刊》和《水果日报》的记者打电话给我，说有人检举我。碰巧的是，检举的内容与他骂的内容颇有相符之处，分明不是游客口吻。

有一天，他看我爸在湖边散步（我也不懂，为什么他认出那人是我爸），他拉住我爸，劈头大骂一顿。

我爸是个退休教师，一个不太会跟人家言语冲突的读书人，被骂了，一句话也无法回嘴，过了好几天，才很委屈地来跟我投诉，说他一辈子没这样被人骂过。

哈哈！此时我已是忍无可忍，你骂到我爸的头上，他女儿可绝对不是个省油的灯。

但说真的，我并没有真的生气。

如果年轻个二十岁，我可能还是一个软柿子，不擅长跟别人表面冲突的我，可能会生闷气生很久，告诉自己："有这么讨厌的人在那里，我退出，不要经营算了。"

我现在虽然不是个榴梿，好歹也有像山竹一样的硬壳。我才不退出，退出他就如愿了，不是吗？

我跑去问在那边经营多年的邻居，那人是个什么样的人。

他们说，只是临时雇员，可能因为有一些当官的亲戚，才被分发到那里，对那边的商家总是口气很坏、颐指气使，看到谁生意好，就找谁麻烦，大家都敢怒不敢言。

好家伙！你作威作福，我只好替天行道了。

在我忍无可忍时，我已学会：生气只会气死自己，是没用的，我要采取行动。

由于他每次都喊着报警，所以我先报警。

宜兰县的警察都很好，我也很有礼貌地告诉他们，我要告那个人公然侮辱，因为他骂我爸。刑警们都是父亲了，大概都可以体会一个女儿的愤怒。

我和好几位警察伯伯去找他，问他，为什么要骂我爸，要刁难我们的员工？到底他们犯了什么法？“你不是每天都要报警吗？我就直接报警，大家说清楚好了。”

作威作福的人，都是色厉内荏的，他看我拿了录音笔，不敢说话。

“我告诉你，我不准任何人骂我爸爸！”我郑重地告诉他，我想这时候我的脸色一定很不好看。

“我……我……没有……”

“那些黑函也是你写的吧？”我又问。

“我……我没有！”

无论如何，这件事在五分钟内落幕，从此他很礼貌地不再用言语骚扰我们的员工，也不敢在我们餐厅门口谩骂。

我并没有生气，我知道生气是没用的，忍无可忍时，我只需要脖子硬一点，采取行动解决问题。

很多开过店的朋友告诉我，黑函或检举是永远不会消失的，除非你的店差到可以倒闭。后来，各种来自不同原因的奇妙攻击并没有停止。我只好不再插手经营，免得我在那里招风，替他们惹麻烦。我只享受去餐厅插花的乐趣。

我看过很多人，生闷气生了一辈子，抱怨抱了一生，把自己变成一个坏掉的录音机，老是播放那几首怨曲，却从来没有想解决问题。

解决问题比生气容易，往前走，也永远比在原地踏步有趣！

> 生气的时候，开口前先数到十，如果非常愤怒，先数到一百。
>
> ——杰斐逊

人最怕没有意义的强颜欢笑

逛街买东西、做个点心、

听一段舒服的音乐、翻本好书，

都可以在无形中消减压力，

不会生自己的气。

爱逛街购物的人活得久，你相信吗？

不久前，看到一个很有趣的研究报告。有人针对台湾老人做研究，发现那些爱出去逛街的人，比不爱出去逛街的人，多出了百分之二十几的阳寿。男人比女人更明显，爱出去混的男人活得久。

虽然，报告的因果关系是被质疑的：身体本来就比较健朗的人，才能出去走走逛逛，能活得久是当然的。

这个数据用常理来看，也有它的正确性。我常看到一些退休人士，如果交到好朋友，常出去玩耍，就算是参加进香团也好，能够在退休后捡回健康，也越来越容易和子孙相处；反之，若每天都关在暗室内，躺在客厅的沙发上看电视，那么，要不了三个月，健康一定会退化，百病都在此时找上来。

不管是什么年龄，活得像一潭死水的人，总会活出很大的问题。

老人逛街，不一定要买，走走看看，就算是走进十元商店，选买些便宜货，多半也会感到身心愉快。他们会从“买”这件事，来察觉自身经验与判断力的价值。

身为子女，如果要说自己孝顺，恐怕不只要提供父母钱财花用，还要有些耐心，婆婆妈妈们很爱对下一代巨细无遗地详述她们的比价过程，那就洗耳恭听吧！而且要随口赞美：“啊，你真的好厉害！”

我大概是在这几年内才渐渐悟到，原来，婆婆妈妈们嫌你买的东西太贵，其实是一种沟通方式、一种关心你的方法，也只是想要“帮忙”，并不是真的指责你浪费。她们想要从“我可以买到比较便宜的东西”的陈述中，得到成就感。偶尔拜托她们闲时帮忙买些日用品，她们会活得更有力、更健康！

还有，为老人家买礼物，一定要让他有参与意见的机会。有个朋友很会做人，带着婆婆逛街，婆婆走累了，就到百货公司卖按摩器材的地方休息。她看婆婆很喜欢那个按摩椅，就问："我买这个好不好？"虽然婆婆马上否决，说："浪费钱！"但她看得出婆婆只是舍不得花钱。

婆婆生日，她买了"孝亲椅"相送。虽然每次有亲戚拜访时，婆婆都指着按摩椅说："噢，讨债喔！"但她也注意到婆婆每次都说"这是我儿媳妇买给我的！年轻人真的是不节俭"时，脸上露出的笑容，其实是得意扬扬的！

听老人家说话，真不能只听表面的意思啊！他们有时只是表面生气，内心是高兴的。要怪就怪我们这个民族，常教人以拐弯抹角的方式表现喜怒哀乐，还称之为"含蓄"。

买东西可以消气吗？依照我个人经验，是可以的。

每次感到工作压力很大时，我会在两个工作的空当，找一个小时逛我最喜欢的百货公司。

每一年，我几乎都有新的兴趣产生，这两年我着迷于台湾二十世纪六十年代和欧洲的百年古董家具。

有一阵子我热爱古董灯。

每一次买到我喜欢的古董灯时（没有想象中贵，大概几千元就可以），我都会告诉自己："赚钱真好！工作真好！人生真好！"

璀璨灯光让我忘了曾在工作上气过我的人。

有时，我的工作也不如意、也有难题，为了提高收视率，常常想破头。做节目表面光鲜，实则要费脑力与苦力，有时也有人际关系方面的问题，我也会有“唉！今天真不想上班”的时刻。

逛一逛商场和古董家具市场，我会感觉到自己赚的钱有价值。

购物确实可以缓解心情，只要你好好控制金额，量入为出。

我很赞成一位上班族女生的做法，她会储存一笔购物基金——平日虽然俭省，她还是会把收入的十分之一拿出来，放进一个盒子里，然后把她的梦想之物从杂志上剪下来，贴在盒子上，钱够了，就兴奋地去买她要的东西。二十多岁的她，也有好几个名牌包了。

“这是鼓舞我的动力。”她只要想到辛苦工作后，可以犒赏自己，工作起来就特别有劲。

这种方法比一味省俭好得多，把自己当成一头小驴子，在面前系根胡萝卜，你就会满足且开心地往前跑。

人最怕“没有目的的受苦”和“没有意义的强颜欢笑”。

不一定要买东西，找时间娱乐自己、买束花、做个点心、听一段舒服的音乐、翻本好书，都可以在无形中消减你的压力。一个懂得减压的人，不会生自己的气。

一般很爱生气的人，往往是在内心里对自己的生活很不满意，又停留在不满意中走不出来。

不会生自己气的人，也不会生别人的气。

血气之怒不可有，义理之怒不可无。

——朱熹

越努力的人越幸运

不要怕侮辱，不要怕失败，

不要怕脾气坏的人。

哭完之后，再次面带微笑。

她是我广播节目的嘉宾，个子娇小，一脸甜甜的笑容。

她才三十出头，就是一个年薪千万的房地产中介业超级业务员。

一个来自南部的乡下女孩，毕业后面对失恋，发誓要离开伤心地，一个人到台北来打拼。当时的中介业觉得年轻女生吃不了苦，曾经拒她于门外，好不容易再次面试才被录取。

刚开始根本没有客户，她一个人站在菜市场分派传单。疼她的爷爷预言，她撑不了三个月就会回家，结果她在三个月内，把公司附近的一个陈年个案卖掉了。有了第一个成功案子之后，她对自己有信心多了。

“我不喜欢别人看不起我，所以我一定要成功。”她说。

我问她，有没有遇到过难缠的业主。她说，有一次她兴致勃勃地拿着十万元的斡旋金去找买主，买主说：“出这个价钱不是在侮辱我吗？”一生气，把十万元钞票挥落在地上，她弯腰一张一张地捡了回来。

一般人一定会发誓：“我再也不要理这个死老头。”但她是这么想的：“困难度越大，越要征服。”最后还是由她把房子卖掉了。

她的案子还曾在买主与卖家双方人马浩浩荡荡要签约时，硬生生被抢走。就在赶赴签约的路上，她的卖家接到了一通电话，别家中介的客户用更高的价格抢案子。卖家眼看更有利可图，当然不会放过机会，当场跟她说：“我赔你违约金，房子要卖给别人。”成交才是王道，眼看着辛苦了许多天的案子，成为别人桌上的佳肴，她也无可奈何。

大家看到的她，永远乐观进取，人生仿佛没有阴暗面。她有个法宝，就是当无法克制情绪时，一个人跑到附近的公园里大哭一场，哭完之后，又回去面带微笑，当个电池用不完的超级业务员。

是的，当一个成功的销售员，最大的秘诀就是不要怕侮辱，不要怕失败，不要怕脾气坏的人。

如今，她在台北精华区已经拥有两套房子，每年带爷爷奶奶旅行，是个让家人备感骄傲的女孩。

凡人都会遇到挫折，都会受伤，都有情绪，复原力越强的勇者，越容易爬上成功的梯子，这是不变的道理。

做一个表里如一的人

会当明星的人，大部分都是性情中人，但其中也有人习惯了表演，所以长久以来，变得表里不一。

我曾经遇过这样的例子，某大牌明星在吃饭的场合看到我，非常热情地说："啊！你主持的那个节目很好看，我好想去上喔！"

"真的？"我受宠若惊，她怎么这么客气啊！

我当然立刻交办，打电话给节目的执行制作，请她立即发通告。

不料过了几天，执行制作非常沮丧地跟我说："我打了两次，她的经纪人态度非常不客气，很凶地说：'她那么忙，怎么有时间上你们的节目呢？我问过她了，她说她只是客套话而已，何必当真？'"

这下子，我明白，为什么许多人对这个明星有负面评语了。想要讨人欢心，就要表里如一，不然会比一开始就表现得很冷漠，更让人不舒服。

我安慰执行制作："如果她真的这样，那是她自己要负责，当一个虚伪的人，从长久来看并没有好处。"

做一个表里如一的人，是上策。

在我学了"赛局理论"之后，我发现：人千万要表里如一，才能赢得长久信任，才有人把你当真正的朋友，把你的话当话。

她人格有问题，我们不需要生气。从长久来看，她该生自己的气！

我还遇到过那些架子比明星还大的助理，好像他自己才是大明星，对人很不客气，总让我想到那些走在主人前面、耀武扬威的老虎狗。

我每次想到老虎狗的画面，就不由得好笑起来。

这些人，应该为自己负责，你无须生气，就当成这个行业里的特殊现象吧！

先改变自己

换一种方式应对，

试一次“我不生气”看看，

创造一个良性互动的开始。

因为亲近，所以易生侮慢；因为亲近，所以口不择言；因为太亲近、太在乎，所以家家有本难念的经—每个家庭，都有一段或好几段的恩怨情仇史。

看看这几段故事吧！它们可不是特例，而是许多家庭的缩影；我们虽然留恋家，但也还是有阴影。

口不择言

即使有时很怀念故乡，但回到家中省亲，对玉儿而言，总是一件苦差事。

她常开开心心地回去，生一肚子闷气回来。

有时她必须承认，自己的妈妈实在是个难搞的人，如果大家开心，妈妈就很不开心。

“我很怕跟我妈说话，大概只要三分钟之后，她就会开始挑拨离间，几乎是一种习惯。”

这一次回家，果然，妈妈在和玉儿寒暄几句之后，就对玉儿投诉嫂嫂：“上次，你爸爸到台北你哥家去，你嫂嫂说了句话，让你爸很不高兴。你爸说，现在花钱请他他也不愿意去了。”

玉儿已经学会沉默以对，不做出任何回应，以免激起母亲继续造谣生事的欲望，但是妈妈还是会讲完她想讲的话：“你爸一按门铃，你嫂嫂来开门，竟然问你爸说：‘爸，你是今天要来的吗？’让你爸非常不高兴。”

嫂嫂是个大大咧咧、神经大条的女人，跟玉儿感情很好，玉儿明白，她说这话，完全没有赶客人的意思。

玉儿也了解爸爸，爸爸不是个心细的人，向来抱着“不痴不聋不做家翁”的理念，不可能会在背后批评嫂嫂。她帮嫂嫂说话，妈妈很明显不太高兴：“我上次去她家，她都没有煮饭请我们吃，根本就是不欢迎我们。”

“她应该有请你们去吃馆子吧！”玉儿真的很佩服，妈妈可以在鸡蛋里挑骨头，说得好像嫂嫂让他们饿肚子似的。

以前，如果妈妈故意在她面前造谣生事，她会很呛地说：“怎样，你是希望哥哥离婚吗？你有这样的好媳妇，不要人在福中不知福。”妈妈还曾被她气哭过。

现在，年纪稍大了，她懂得很多话放在心里就好。

但每一次离开家的时候，她的心情都不好。从她幼年起，母亲就有这样的习惯，不是在她面前说她爸爸的不好，就是说一向爱她的祖母其实很讨厌她，也常说她唯一的姑姑的坏话。其实妈妈本来可以有个其乐融融的家，却被自己的迫害幻想症搞砸了。她用说别人坏话的方法引起注意，希望人家觉得自己最好。

忍一口气，海阔天空；

争一口气，祸事临头。

——静思语

她的母亲并不知道，哥哥嫂嫂结婚前，爸爸就对大嫂说了：“如果想要婚姻幸福，无论如何，再孝顺，都别跟我们住在一起吧！”

吃醋

瑞萍是公关业的女强人，也是个很会做人的女人。她三十七岁才结婚，婚后幸福，和婆婆相处得很愉快。

有四天的连续假期，老公到美国出差，瑞萍决定带着婆家和娘家的爸妈，一群人浩浩荡荡到京都度假。瑞萍是个专业办活动的人，自认为带家族团旅游，一定没有问题。虽然，她从小就知道自己的妈妈有点难搞，但她心想，既然所有费用都是她出的，妈妈应该可以玩得很愉快才是。

她错了。一回来，瑞萍一肚子气。妈妈一路上一直挑剔和唱反调，嫌昂贵的怀石料理不好吃，嫌日式旅馆的榻榻米很硬。赏樱花时，瑞萍和会日文的婆婆走在一起，有说有笑，她自己的母亲走在三米后，一直要瑞萍的侄子帮忙拍照。

瑞萍以为母亲很开心，没想到走着走着，妈妈忽然不见了，一行十余人全在找她一个人。瑞萍问爸爸，妈妈去了哪里？爸爸无精打采地说：“她今天出门时还好好的，但刚刚不知道为什么，脸越来越臭，问她什么她也不回答，可能老毛病又犯了。”

瑞萍的妈老毛病是翻脸如翻书，本来和大家在一起，心情很愉快，但不知她忽然想到了什么，或哪里犯着她了，她就会气得把自己藏起来，故意闹个小失踪。

果然，找了半天，看到母亲坐在神社旁的樱花树下哭泣。问她为什么，她说：“你们走你们的好了，不必理我。反正我不见了也没人关心我。”

“以她的习惯，”嫁过来已十多年的嫂嫂悄悄对瑞萍说：“我猜，是因为你只顾着跟你婆婆说话，所以她不太舒服吧！”

果然，到了晚上吃饭，瑞萍的妈又故意待在房里不出来。瑞萍去“请驾”时，妈妈说了一句话：“你要是对自己的妈，有对别人的妈好就行了。”

她的母亲永远都在吃醋，怕别人比自己重要。挑拨离间是母亲一辈子的乐趣，嫂嫂说，只要瑞萍的哥哥对她好一点，妈妈就不太高兴。去年，他们买了一套房子，用的是嫂嫂的名字，瑞萍的妈每天冷嘲热讽：“万一老婆跑了，你的损失可就大了。”

瑞萍可以搞定全世界所有人，就是搞不定自己的妈。“我跟婆婆好，她不是应该很高兴吗？”瑞萍实在想不通。

妈妈已经六十多岁，改不了了。瑞萍只有一个法宝可以应付，就是假装没听见，不受影响，向着阳光走，把心情的乌云丢向脑后。

嫉妒

婉儿和她的母亲一直处不好。

她最怕听到的一首歌是《世上只有妈妈好》，因为她的妈妈真的对她不太好。

婉儿是家中唯一的女儿，从小爸爸最疼她。

爸爸很严肃，不苟言笑，对奉媒妁之言成婚的母亲也总是客气而生疏，但一碰到这个女儿，说话的声音就从百炼钢变成绕指柔，完全不一样。

或许，母亲因而嫉妒婉儿。

父亲不在时，母亲会偷捏婉儿，故意让她吃不饱。婉儿年纪小时，会拉着父亲告状，父亲曾因此责怪母亲。

婉儿长大后渐渐明白，告状并无好处，只会让母亲对她更刻薄。母亲在私底下，常用一些恶毒的话打击她的自尊。

某一年，父亲被派到海外当工程师，这下可好了，那一年，婉儿活得就像个下人，要洗全家的衣服，洗得两只手都皴裂了。冬天，血痕斑斑，有好一阵子，她变成没有指纹的女人。

“我这是为你好，”母亲总有理由，“女孩子不会做家事，哪里嫁得出去？”

婉儿情不自禁地又跟父亲告了状，父亲竟然发了传真回来，严厉谴责母亲：“你若敢再叫我女儿洗东西，我绝不善罢甘休！”

婉儿得到了豁免权，但和母亲的关系越来越坏。

父亲在婉儿青春期时有了外遇，婉儿替父亲隐瞒，更惹恼了母亲：“养你这种女儿不如养狗！吃里爬外！”

尽管婉儿长大后，一直想要挽回母亲的心，但每每是真心换绝情，不管她对母亲如何好，母亲都习惯在亲戚间说她的坏话，甚至认为自己的婚姻是女儿破坏的。

如果在愤怒时说话，将会做出最出色的演讲，但却会令你终生感到悔恨。

——比尔斯

婉儿已经中年。“直到我自己变老了，才能了解我妈的心态，她太早进入婚姻，从没进入社会，所以心理上一直是个女孩，不是个母亲。我的父亲不够爱她，于是她把恨转移到我身上来。这样的恨，吞噬掉她对我的母爱。”

这一种嫉妒，正常状况不会有，但我曾听过几个类似案例。当一个女儿，不管如何优秀，都被母亲所恨，总是女儿人生中最大的遗憾，只因母亲不成熟，而父亲太偏心。

唠叨

即雯是某校的心理辅导室主任，不久前参加同学会，遇到高中老同学向芸。向芸一听到她是做心理咨询的，立刻要求她帮忙。“我儿子好像得了忧郁症，只要我说他几句，他就暴跳如雷，把自己关在房间里死也不出来。你说，他是不是有病？可是，我每次要求他去看精神科，他都会很生气。之前他在南部工作，状况还好，最近被公司裁员回到家后，比以前更加厉害。我只有这个儿子，好怕他寻短……”

向芸的丈夫几年前因意外事件过世，即雯心疼她，她一定过得很辛苦。但即雯心想，如果向芸的儿子并不想吐露心事，贸然去开导他也怪怪的，不如大家先熟悉一下，好好观察。

在向芸的安排下，即雯答应某一天和向芸家一起出游，到向芸的娘家去玩。

那天，向芸一大早就开车来接即雯。“噢，我刚开到你家，竟然会塞车，前面有一辆大卡车，没有打方向灯就右转，太可怕了，害我差点撞到它……你昨天告诉我的路不对，我觉得走××路比较顺，从××路拐上来就到了，红绿灯比较少……你家是三十年的老房子吧，我有个中学同学以前也住这里，后来去当流氓了，他还追过我的一个同班同学阿美……噢，现在我走这条是××路，我要从这边接高速公路……”

向芸说起话来，别人连一个逗点都插不进去。本以为上了高速公路，她就没什么好讲了，没想到她一直像广播电台一样播报高速公路路况。即雯前一晚没有睡好，听了半个小时，头都晕了。

> 在你发怒的时候，要紧闭你的嘴，免得增加你的怒气。
>
> ——苏格拉底

向芸的嘴巴像坏掉的水龙头（不，其实比较像路边被挖坏的大水管），滔滔不绝地说着，完全不管别人处在什么精神状态。

向芸的儿子就坐在后座，沉默地望着窗外，他似乎很高兴车内有另一个人吸引妈妈的注意力。

“我削水果，要不要吃水果？”刚上车时，即雯就听到向芸这么问儿子。

儿子面无表情地说：“不要。”

最厉害的是，她可以每十五分钟问同样的话：“有水果，你要不要吃？”

儿子的回话一遍比一遍不耐烦，在她问第六次时，她的儿子发了火：“我说不要就是不要！别再问了好不好？”

“看吧！他就是这样，这是不是躁郁症？”向芸用“满意”的表情看着即雯说。

即雯感觉到，向芸的儿子用眼神跟她求救，天哪！到底是谁有病？

这些故事，都发生在母女或母子之间，其实父女与父子也有许多问题，写也写不完，在此仅能以我观察到的母亲为例。

一般来说，父亲发泄怒气的方法较直接，如果父亲是暴力狂，那种“以力服人”的震撼相处法常被儿子袭用，也会让女儿终其一生对感情没有安全感。

母亲的方式就比较“多元化”一点。以上这几个例子的母亲，并不觉得自己在生气，而且为家庭做牛做马付出一生心血，但事实上，她们非常不快乐，也让子女活得很头痛。

嫉妒、唠叨、挑拨、难搞，都是愤怒的变形金刚。她们不直接表示愤怒，也害怕进行正面沟通，所以采取委婉曲折的方式来关爱子女，或请求亲人注意她们的存在。

这和女性从小不被鼓励表达有关，女性被期许以“忍”为美德，想要不敢说要，被亏待不敢反映，殊不知“忍”字上头真的有一把刀，长期下来会使我们的性格因为压抑而变形。

试着假想自己是个“外人”，就可以暂时当个绝缘体，让着了火的导火线熄灭。

改变你的反射性行为，才是最佳应对方式。假设母亲的唠叨总让你生气，不妨跟自己约法三章，试一次“我不生气”看看。你都微笑说好，看她会不会改变唠叨模式。

其实，只要你改变了，不再被她的言语激怒，她也会有自觉：或许该对你采取别的方法了，这才是良性互动的开始。

暴躁是一种虚怯的表现。

——大仲马